Angela Niebel-Lohmann

Wildbienen artgerecht unterstützen

Der Ratgeber für die Gartenpraxis

Angela Niebel-Lohmann begeistert sich als Biologin besonders für die Interaktionen zwischen Bienen und Blüten. Als wissenschaftliche Mitarbeiterin der Universität Hamburg lehrt sie am Institut für Pflanzenwissenschaften und Mikrobiologie.

1. Auflage: 2022
ISBN 978-3-258-08239-4

Umschlaggestaltung: Tanja Frey, Haupt Verlag
Gestaltung und Satz: Roman Bold & Black, D-Köln
Lektorat: GRÜNES LEKTORAT, Dr. Agnes Przewozny, D-Berlin

Umschlagabbildungen
Vorne: *Andrena hattorfiana;* Klappe: *Andrena fulva, Andrena vaga, Epeolus variegatus.*
Hinten: *Andrena denticulata;* Klappe: *Andrena lapponica, Colletes fodiens, Andrena haemorrhoa.*

Wir verwenden FSC®-Papier. FSC® sichert die Nutzung der Wälder gemäß sozialen, ökonomischen und ökologischen Kriterien.
Gedruckt in Slowenien.

Diese Publikation ist in der Deutschen Nationalbibliografie verzeichnet.
Mehr Informationen dazu finden Sie unter http://dnb.dnb.de.

Der Haupt Verlag wird vom Bundesamt für Kultur für die Jahre 2021–2024 unterstützt.

Wir verlegen mit Freude und großem Engagement unsere Bücher. Daher freuen wir uns immer über Anregungen zum Programm und schätzen Hinweise auf Fehler im Buch, sollten uns welche unterlaufen sein. Falls Sie regelmäßig Informationen über die aktuellen Titel im Bereich Natur & Garten erhalten möchten, folgen Sie uns über Social Media oder bleiben Sie via Newsletter auf dem neuesten Stand.

www.haupt.ch

Angela Niebel-Lohmann

Wildbienen artgerecht unterstützen

Der Ratgeber für die Gartenpraxis

Haupt Verlag

Inhalt

Einleitung

Bienen sind mit rund 17000 beschriebenen und sogar über 20000 geschätzten Arten, mit Ausnahme der Antarktis, weltweit verbreitet. Aus Europa sind 1942 Bienenarten bekannt, im deutschsprachigen Raum allein fast 750 Arten, in Deutschland 570 Arten (von denen 39 als ausgestorben gelten), in der Schweiz 575 und in Österreich 690. In Deutschland gelten 63% der Wildbienenarten in ihrem Bestand als gefährdet, in der Schweiz über 50% (wobei es zu vielen Arten gar keine Daten gibt, sodass man über ihren Gefährdungsstatus nichts weiß). Kein Wunder, dass inzwischen der Begriff «Bienensterben» in aller Munde ist. Während Praktika, auf Exkursionen und bei Führungen kommt daher immer wieder die Frage auf: «Was kann ich tun, um den Bienen zu helfen?» Das vorliegende Buch gibt auf diese Frage ein paar Antworten.

Möchte man Wildbienen fördern, sie ansiedeln, entdecken oder beobachten, so ist es unumgänglich, sich auch mit ihrer Ökologie zu befassen. Wer sich mit Wildbienen beschäftigt, wird schnell merken, wie unterschiedlich sie sind. So vielfältig die Wildbienenarten sind, so verschieden sind auch ihre Lebensraumansprüche. Neben der Beschäftigung mit ihren Lebens- und Nistweisen sind auch Kenntnisse über die benötigten Nistmaterialien und vor allem zu den Nahrungspflanzen, auf welche Wildbienen angewiesen sind, erforderlich. Kurzum, man muss wissen, was die jeweilige Wildbienenart alles zum Leben braucht. Biene ist eben nicht gleich Biene, daher kann eine Unterstützung von Wildbienen nur bei Kenntnis der speziellen Ansprüche der Arten erfolgreich sein.

Das vorliegende Buch stellt 30 Wildbienenarten im Porträt vor. Die ausgewählten Arten sind in irgendeiner Form auffällig, sodass auch Laien unter Beachtung des Beobachtungszeitraumes, gegebenenfalls der Pollenquelle, mit etwas Übung und Geduld mit sich selbst, diese Arten erkennen können. Ein Schwerpunkt liegt auf solchen Arten, die einem im Siedlungsbereich begegnen können. Wissenswertes über die Wildbienenarten und Vorschläge, wie man sie unterstützen kann, runden die Porträts ab. Eine Beschreibung des Körperbaus der Bienen ist den Wildbienen-Porträts vorangestellt, soweit es für das Verständnis der Begriffe notwendig erscheint.

Da sich dieses Buch ausdrücklich an interessierte Nicht-Spezialisten richtet, sind die ausgewählten Wildbienenarten nach ihrer Phänologie geordnet, also dem Auftreten der verschiedenen Arten im Jahresverlauf, und nicht, wie häufig üblich, nach systematischen Gesichtspunkten. In diesem Buch werden Frühjahrs-, Frühsommer, Hochsommer- und Herbstarten unterschieden. Die farbige Markierung der Monate erleichtert die Orientierung im Buch. Eine reine Frühjahrsart, wie beispielsweise die Frühlings-Seidenbiene *(Colletes cunicularius)*, wird man niemals im Hochsommer finden, die Efeu-Seidenbiene *(Colletes hederae)* hingegen niemals im Frühjahr. Dieses Vorgehen ist auch deshalb sinnvoll, da die überwiegende Mehrzahl der Wildbienenarten nur wenige Wochen im Jahr fliegt. Darin unterscheiden sich die meisten solitären Wildbienenarten von den sozial lebenden Honigbienen oder Hummeln, deren Völker während der gesamten Vegetationsperiode zu beobachten sind, selbst wenn auch dort die einzelnen Individuen nur eine geringere Lebenszeit von wenigen Wochen haben. Bivoltine Arten, also solche mit zwei Generationen im Jahr, wurden entsprechend ihres ersten Erscheinens im Jahr einsortiert. Phänologie-Grafiken zeigen die ungefähre Flugdauer der jeweiligen Wildbienenart auf einen Blick und sind am Anfang jedes Artenporträts zu finden. Innerhalb der Monate sind die Arten alphabetisch nach wissenschaftlichem Namen geordnet.

Beim Erkennen einer Wildbiene kann oft die Blütenpflanze, auf der eine Art angetroffen wird, gute Dienste leisten, denn weltweit sind etwa 50% der Wildbienenarten Futterspezialisten (D 32%). Diese Spezialisierung bezieht sich ausschließlich auf das Pollensammelverhalten der Weibchen. Am Ende der Wildbienen-Porträts befinden sich Fotos von ausgewählten Futterpflanzen und jeweils eine Blütenpflanzenliste mit Empfehlungen zum Anpflanzen. Es sind gelegentlich einige Nektar-Futterpflanzen mitaufgenommen worden, wenn sie für Futterspezialisten bedeutend sind, deren Pollenquelle keinen Nektar liefert. Die ausgewählten Futterpflanzen aller im Buch vorgestellten Wildbienenarten werden am Ende des Buches tabellarisch, mit wichtigen Informationen zu Lebensdauer, Wuchshöhe, Blütenfarbe und -zeit, sowie Bodenansprüchen vorgestellt, um die Entscheidung leichter zu machen, welche der Pflanzen im eigenen Garten oder auf dem Balkon ausgepflanzt werden sollen. Der Schwerpunkt der Vorschläge liegt auf heimischen, ausdauernden Pflanzenarten. Es werden gelegentlich Zierpflanzen vorgeschlagen, wenn diese sich als gute Pollenquellen herausgestellt haben, ein Zugeständnis an die Wünsche vieler Garten- und Balkonbesitzer.

Das vorliegende Buch ist kein Bestimmungsbuch, sondern soll den interessierten Leserinnen und Lesern einen Einstieg in die vielfältige und faszinierende Welt der Wildbienen ermöglichen. Viele artbestimmende Merkmale von Wildbienen sind nur mit sehr guten optischen Hilfsmitteln zu erkennen. Daher beschränken sich die Erkennungsmerkmale in den vorliegenden Wildbienen-Porträts überwiegend auf die offenkundigen Merkmale, und die ausgewählten Bienenarten auf solche, die auch ohne Hilfsmittel erkennbar sind. Etwa ein Drittel der Wildbienenarten ist von Menschen mit geschulten Augen im Feld erkennbar. Eine exakte Bestimmung der meisten Wildbienenarten ist oft nur von ausgebildeten Spezialisten möglich, die sich lange Zeit und häufig nur in eine Bienengattung intensiv eingearbeitet haben.

Abb. 1: Wildbienen sind überaus vielfältig, sowohl was ihre Größe und Form, als auch was ihre Lebensraumansprüche betrifft. Von links oben nach unten rechts: *Andrena cineraria* (♀), *Andrena haemorrhoa* (♀), *Anthidium manicatum* (♀), *Anthophora porphyrea* (♂), *Macropis fulvipes* (♀), *Megachile maritima* (♂).

Das Insektensterben und seine Ursachen

Seit im Jahr 2017 die Untersuchung des Krefelder Entomologischen Vereins zum Insektenrückgang öffentlich wurde (sog. «Krefelder Studie», Hallmann et al.), bei der 27 Jahre lang (1989–2016) jährlich in bestimmten Naturschutzgebieten die Insekten(feucht)biomasse gewogen wurde, ist das Thema Insektensterben in breite Kreise der Bevölkerung vorgedrungen. Obwohl in dieser Studie weder das Artenspektrum noch die Anzahl der Arten untersucht wurden, die Autoren sich ausschließlich auf Fluginsekten beschränkten und es kein echtes wissenschaftliches Monitoring gab, wurde die Öffentlichkeit aufgerüttelt. Der Begriff «Insektensterben» wurde seitdem vielfach medial aufbereitet und in einem Atemzug häufig mit dem «Bienensterben» verbunden, oft verdreht und auch von Lobbyisten missbraucht. Im Mittelpunkt stehen dabei meist die Honigbienen, die jedoch gar nicht bedroht sind. Ursprüngliche wildlebende Honigbienen gibt es bei uns nicht mehr. Zweifellos leiden auch Honigbienen unter dem hohen Pestizideinsatz in der Landwirtschaft und dem Rückgang von Nahrungspflanzen. Doch als Haustier werden Honigbienen von Imkern betreut, die z. B. den Bienenvölkern Futter zur Verfügung stellen, wenn es eng wird. Verluste von Honigbienenvölkern haben vor allem andere Gründe, z. B. einen hohen Befall durch die Varroamilbe *(Varroa destructor)*, die durch importierte Bienenvölker nach Europa eingeschleppt wurde. Der Begriff «Bienensterben» bezieht sich somit nur auf Wildbienen, denn die sind stark bedroht.

Neben Politikern sind zwischenzeitlich auch Baumärkte, Gartencenter und Supermärkte auf den fahrenden Zug aufgesprungen und bieten, neben oft ungeeigneten «Wildbienenhotels», exotischen Pflanzen ohne Bezug zu heimischen Bienenarten, auch bunt bebilderte Tütchen mit Sämereien unbekannter Herkunft feil, die angeblich das Bienensterben aufhalten sollen. Oft ist jedoch völlig unklar, was man sich aus den Tütchen für Überraschungen in den Garten oder auf den Balkon holt, denn es gibt meistens keine Inhaltsangabe, geschweige denn einen Herkunftsnachweis des Saatgutes. Man weiß also nicht, ob die aus den Samen wachsenden Pflanzen an den jeweiligen Standort, an dem sie ausgebracht werden, überhaupt angepasst sind. Häufig finden sich darin ausschließlich einjährige, oft auch exotische Pflanzenarten. Doch der Rückgang von geeigneten Futterpflanzen für Wildbienen ist am besten durch das Fördern heimischer, ausdauernder Pflanzenarten abzupuffern, an die sich Wildbienen im Laufe der Evolution angepasst haben.

Die «moderne», industrielle Landwirtschaft mit ihren eintönigen, großflächigen Monokulturen trägt einen beträchtlichen Teil zum Rückgang der Wildbienenarten bei. Wird eine Kulturpflanze in Reinbeständen angebaut, kommt neben der Verarmung einer ursprünglich strukturreichen Naturlandschaft ein hoher Pestizideinsatz hinzu, um einem Befall durch Krankheiten, Schädlinge oder Wildkräuter vorzubeugen oder entgegenzuwirken. Hier hilft nur die Änderung der Agrarförderung, durch die der Pestizideinsatz reglementiert werden könnte.

Blühstreifen an Ackerrändern sind für Wildbienen lediglich Scheinhilfen. Seit 2018 fördert die EU über das sogenannte Greening die Landwirtschaft, wenn Landwirte bestimmte Umweltleistungen erbringen. Dazu zählt u. a. das Anlegen von Blühstreifen an Ackerrändern. Die sehen hübsch aus und sollen wohl die Gemüter beruhigen, da Menschen sich von sogenannten Akzeptanzarten, wie Klatsch-Mohn oder Kornblume, optisch beeindrucken lassen, und es so scheint, als würde etwas für die Wildbienen unternommen werden. Aber letztlich bringen sie der Umwelt kaum etwas und nützen insbesondere Wildbienen recht wenig. Finden die Tiere keine geeigneten Nistmöglichkeiten im näheren Umkreis der Blühstreifen, können sie keine Nester bauen. Da rund 75 % aller Wildbienenarten im Boden nisten und viele Bienen nur wenige hundert Meter zwischen Nest und Futterpflanzen zurücklegen, müssten Nistmöglichkeiten in der Nähe der Blühstreifen zu finden sein. Wenn die Landwirte im Herbst die Äcker samt Randstreifen umbrechen, werden auch die im Boden befindlichen Nester zerstört. Nistmöglichkeiten müssen aber nicht nur nah an den Futterpflanzen liegen, sie müssen auch über längere Zeiträume für die Wildbienen ungestört bleiben, damit sie eine dauerhafte Population aufbauen können.

Doch diese Blühstreifen sind in der Regel nicht nachhaltig, da nicht sichergestellt ist, dass sie in den Folgejahren an gleicher Stelle wieder gesät werden. Meistens werden für die Bepflanzung von Ackerrandstreifen ausschließlich einjährige Pflanzenarten genutzt, wie Sonnenblume, Phacelia oder Buchweizen, die überwiegend für Generalisten, wie Honigbienen, attraktiv sind, aber überhaupt nicht auf verschiedene Wildbienenarten und erst recht nicht auf Futterspezialisten unter ihnen abgestimmt sind. Dies wäre aber notwendig, denn gerade diese spezialisierten Arten leiden unter dem Rückgang ihrer Futterpflanzen. Es sollte daher ausdauernden, einheimischen Pflanzenarten der Vorzug gegeben werden, an welche die heimischen Wildbienenarten angepasst sind. Auch ist es immer besser, regionales Saatgut zu verwenden.

Durch den Einsatz von Insektiziden in den benachbarten Ackerflächen werden Wildbienen getötet oder zumindest in ihrer Vitalität stark eingeschränkt. Es müsste daher gewährleistet sein, dass die Spritzmittel nicht in die Blühstreifen abdriften, was nahezu unmöglich ist. Eine substanzielle Verbesserung der Situation von Wildbienen ist sicher mit herkömmlichen Blühstreifen kaum möglich.

Ein weiterer Faktor, der für den Rückgang der Wildbienenarten mitverantwortlich ist, ist die Landnutzung durch uns Menschen. Einerseits ist hier der enorme Flächenverbrauch problematisch, da mit jedem Neubaugebiet, jedem Haus, jeder neuen Straße, mit Wegen, Abbauflächen, Deponien, Bahnstrecken, Flughäfen oder Gewerbeflächen, die entstehen, Lebensraum für Wildbienen verloren geht. Der Hunger nach Boden verbraucht in Deutschland etwa 56 ha (1ha = 10 000 m^2) pro Tag, das ist annähernd die Fläche von 80 Fußballfeldern. In der Schweiz sind es 7,4 ha, in Österreich 12,9 ha pro Tag! Oft sind es gerade naturbelassene Areale, die in Verkehrs- oder Siedlungsflächen umgewandelt werden. Eben solche Gebiete sind in den letzten Jahrzehnten immer weniger geworden und dem Bauwahn anheimgefallen. Genau derartige Flächen sind aber als Brutplätze für erdnistende Wildbienen oft von herausragender Bedeutung. Der Schutz der natürlichen Lebensräume ist daher für Wildbienen essenziell.

Abb. 2: Monokulturen, wie hier beispielsweise aus Mais, prägen heute große Teile unserer Agrarlandschaft.

Blütenpflanzen und Bienen – eine gemeinsame Erfolgsgeschichte

Bienen gehören innerhalb der Insekten zur artenreichsten Ordnung der Fluginsekten. Hierzu zählen Käfer (ca. 400 000 Arten), Schmetterlinge (ca. 160 000 Arten), Mücken- und Fliegenarten (ca. 160 000 Arten) sowie die große Gruppe der Hautflügler (Hymenoptera), zu denen auch die Bienen zählen. Die Hautflügler sind weltweit mit über 150 000 Arten und in Mitteleuropa mit über 10 000 Arten vertreten.

Innerhalb der Hautflügler werden zwei große Gruppen unterschieden:

1. Die **Pflanzenwespen**, die im vorderen Teil des Hinterleibs keine Einschnürung besitzen.
2. Die **Taillenwespen**, bei denen der Hinterleib vorne tief eingeschnürt ist. Sie gliedern sich auf in:
   - Legimmen: Weibchen mit Legestachel, z. B. Schlupf- und Gallwespen.
   - Stech- oder Wehrimmen: Weibchen mit Wehrstachel. Da dieser sich aus dem Legestachel verwandter Vorfahren der Bienen ableitet, können nur die Weibchen stechen!
     Zu den Stechimmen zählen:
     - Wespen (Proteinquelle: Fleisch, leben karnivor; Körper nahezu unbehaart)
     - Ameisen (Proteinquellen: Fleisch und Pflanzensäfte; außerdem Honigtau; Körper unbehaart)
     - Grabwespen (Proteinquelle: Fleisch, leben karnivor; Körper unbehaart) und
     - **Bienen** (Proteinquelle: Pollen, leben rein vegetarisch; sind meistens mehr oder weniger stark behaart; Rüssel länger als bei Grabwespen). Etwa drei Viertel der heute vorkommenden Wildbienenarten leben solitär, d. h. ein Weibchen macht alles allein: von der Nestsuche, dem Auffinden und Transport von Baumaterialien, dem Auskleiden der Brutzellen, Sammeln von Blütenprodukten und Verproviantieren der Brutzellen, der Eiablage bis hin zum Nestverschluss. Daher werden sie auch Solitärbienen oder Einsiedlerbienen genannt. Eine geringere Zahl von Wildbienenarten lebt kommunal, semi-sozial oder primitiv-eusozial. Nur die Honigbiene hat die höchste soziale Lebensweise entwickelt (hoch-eusozial). Sie bildet somit die Ausnahme unter allen Bienenarten.

Allen erwachsenen Hautflüglern gemein sind ihre **beiden häutigen Flügelpaare.** Mithilfe eines Gelenks an der Flügelbasis können diese in Ruhestellung über dem Hinterleib zusammengeklappt werden. Damit unterscheiden sie sich von anderen Fluginsekten, wie den Libellen und Eintagsfliegen.

Abb. 3: Häutiges Flügelpaar: links ausgebreitet, rechts in Ruhestellung über den Hinterleib zusammengeklappt (beides Männchen der Garten-Wollbiene – *Anthidium manicatum*).

Alle Hautflügler machen während ihrer Individualentwicklung eine **vollkommene Verwandlung** (Metamorphose) durch: Aus einem Ei schlüpft eine Larve, die sich über mehrere Larvenstadien und ein Ruhestadium (Puppe) zum Vollinsekt (Imago) entwickelt. Im Unterschied zu den anderen oben genannten Stechimmen-Gruppen ernähren sich Bienen **rein vegetarisch** von Blütenprodukten.

Anders als bei Wespen und Ameisen ist der Körper der Mehrzahl der Bienenarten meist dicht und lang behaart. Die Haare sind oft verzweigt und fein gefiedert (nur mikroskopisch erkennbar).

Abb. 4: Entwicklungsstadien der Bienen in Brutzellen: Ei, Larve, Puppe.

Hautflügler entstanden vor ca. 250–200 Millionen Jahren. Bienen entwickelten sich im Erdmittelalter, etwa zur Zeit der Dinosaurier, aus fleischfressenden, wespenartigen Vorfahren. Die Ahnen der heutigen Bienenarten haben vor etwa 130 Millionen Jahren aufgehört Beutetiere zu fangen und eine vegetarische Lebensweise angenommen, indem sie anfingen, sich und ihre Larven mit Blütenprodukten zu ernähren. Die Diversifizierung, also die Ausbildung von Unterschieden bei der Artbildung, begann wohl in der Kreidezeit vor ca. 150–170 Millionen Jahren gemeinsam mit anderen Insektengruppen, wie den Schmetterlingen, Käfern und Zweiflüglern.

Es besteht eine enge wechselseitige Partnerschaft zwischen Blütenpflanzen und ihren Bestäubern, die für beide Gruppen vorteilhaft ist. Innerhalb derartiger Bindungen zwischen unterschiedlichen Arten versuchen beide Partner, das jeweils Beste für sie herauszuholen. Die Bienenweibchen benötigen Pollen als Larvenfutter für die Nachkommen. Pollen, Pollen/Nektar- oder Pollen/Öl-Gemische sind das «Kraftfutter» für die Bienenlarven und daher für ihre Fortpflanzung unentbehrlich. Die Bienenweibchen müssen so viel wie möglich davon sammeln, damit sie genügend Brutzellen versorgen können.

Auch für die Fortpflanzung der Blütenpflanzen ist Pollen essenziell. Pflanzen müssen bestäubt werden. Pollen ist besonders kostbar für Blütenpflanzen, da er nicht nachproduziert werden kann. Einmal fortgesammelter Pollen ist für die eigene Fortpflanzung der Pflanzen verloren. Daher haben die meisten Blütenpflanzen als Gegenleistung für die Bestäubungsdienste ein zweites Belohnungssystem entwickelt. In speziellen Drüsen, den Nektarien, wird süße Zuckerlösung – der Nektar – gebildet. Nektar geben die Blüten jedoch meist nur sparsam portioniert an die Pollenkuriere ab, damit wiederholte Besuche an Blüten ein und derselben Art nötig sind, bevor die Besucher «satt werden». Denn die Blütenbesucher nutzen Nektar hauptsächlich für die eigene Energieversorgung, als «Flugbenzin».

Blütenpflanzen

Die ersten bedecktsamigen Blütenpflanzen entwickelten sich vor etwa 140 Millionen Jahren in der Kreidezeit. Seitdem haben sich Bienen und Blütenpflanzen gemeinsam entwickelt und gegenseitig gefördert (Koevolution). Heute sind mehr als 80 % aller Blütenpflanzen auf die Bestäubung durch Tiere angewiesen. Neben Vögeln, Fledertieren und einigen Säugetieren sind Insekten, und hier vor allem die Bienen, die wichtigsten Bestäuber von Blütenpflanzen. Im günstigsten Fall übertragen Bienen beim Blütenbesuch an ihrem Körper haftende Pollenkörner von einer Blüte auf die Narbe einer anderen Blüte derselben Art. Diese Fähigkeit zu bestäuben macht sie zu Schlüsselorganismen in nahezu allen Landökosystemen, und als solche sind sie essenziell für das ökologische Gleichgewicht. Darüber hinaus sind sie auch unverzichtbar für die Landwirtschaft und somit für die Nahrungsproduktion. Etwa ein Drittel der weltweit angebauten Kulturpflanzen ist auf Insektenbestäubung angewiesen. Innerhalb der bestäubenden Insekten (Bienen, Schmetterlinge, Käfer, Schwebfliegen, Wespen) machen dabei insbesondere die Wildbienen den Löwenanteil aus. Die Honigbiene, die gerne als Universalbestäuber schlechthin dargestellt wird, ist es gar nicht, denn anders als oft behauptet, ist sie nicht in der Lage, die Blüten aller Nutzpflanzen zu bestäuben (z. B. Tomaten, Kartoffeln) oder kann dies oft nur suboptimal (z. B. Blaubeeren und Obstbäume).

Zur Gruppe der Blütenpflanzen (Spermatophyta) gehören die Nacktsamer (Gymnospermen) und die Bedecktsamer (Angiospermen). Sie zeichnen sich u. a. durch die Bildung von Samen aus.

Nacktsamer (Gymnospermen): Im späten Devon (vor ca. 360 Millionen Jahren) erschienen die ersten Samenpflanzen. Die Nacktsamer erlebten ihre größte Entfaltung im Jura und in der Kreidezeit. Zu den etwa 800 heutigen Vertretern der Gymnospermen gehören z. B. alle Nadelgehölze, aber auch der Ginkgo und Palmfarne. Auch Nacktsamer blühen, allerdings ist ihre Blüte unscheinbar, da sie als in der Regel windbestäubte Pflanzen keinen auffälligen Schauapparat ausbilden (müssen). Windbestäubung ist ungerichtet, der Wind weht mal hierhin und mal dorthin, daher können Pflanzen sich nicht auf ihn verlassen. Das Risiko, dass sehr viele Pollenkörner ihr Ziel verfehlen, ist groß. Daher gleichen Nacktsamer dies durch die schiere Masse aus. Nacktsamer tragen ihre Samenanlagen frei und offen («nackt»), sie sind nicht in einen Fruchtknoten eingeschlossen, und damit schlechter vor Umwelteinflüssen und Fraß geschützt als die der Bedecktsamer. Das Nährgewebe des sich entwickelnden Embryos im Samen entsteht bereits vor der Befruchtung und ist somit verloren, wenn es nicht zu einer Befruchtung kommt.

Für Wildbienen sind Nacktsamer als Futterpflanzen nicht von Bedeutung. Bienen haben sich vielmehr gemeinsam mit den Bedecktsamern entwickelt.

Bedecktsamer (Angiospermen): Aufgrund fossiler Pollenfunde und Blattreste wird ein erstes Auftreten von frühen Angiospermen im Jura angenommen. Eine explosionsartige Entwicklung sehr vieler Arten erfolgte ab der Kreidezeit (vor etwa 145–66 Millionen Jahren). Die Entwicklung der Blüte, mit einem Schauapparat zur Anlockung von Tieren, einem Belohnungssystem und dessen Perfektionierung in Koevolution mit ihren tierischen Bestäubern über Millionen von Jahren haben zu der heutigen Blüten- und Bienen- bzw. Insektenvielfalt geführt.

In der Evolution der Blütenpflanzen ist das Umschließen der Samenanlagen mit einem Fruchtblatt als eines der Schlüsselereignisse für den Erfolg dieser Pflanzengruppe zu sehen, die heute mit etwa 226 000 Arten die größte und somit erfolgreichste weltweit ist. So konnten die Samenanlagen und die sich daraus entwickelnden Samen besser gegen Umwelteinflüsse und vor Tierfraß geschützt werden. Tiere konnten aber trotzdem die Blüten bestäuben. Viele weitere Merkmale haben die Bedecktsamer so erfolgreich gemacht, wie unter anderem die doppelte Befruchtung, bei welcher sich das Nährgewebe des sich entwickelnden Embryos im Samen erst nach einer Befruchtung ausbildet. So werden keine Ressourcen verschwendet, falls es nicht zur Befruchtung kommt.

Blütenbau

Blüten stehen im Dienst der geschlechtlichen Fortpflanzung von Blütenpflanzen. Ihr Grundbauplan ist im Prinzip gleich, auch wenn es Abweichungen gibt. Von außen nach innen sitzen auf dem Blütenboden: Kelchblätter, Blütenblätter (oder Kronblätter), Staubblätter, Fruchtblätter (oder Fruchtknoten).

Die **Kelchblätter** umgeben die Blütenknospe als schützende Hülle. Durch Umwandlung können sie zudem eine Anlockfunktion übernehmen. Nach der Fruchtreife kann der Kelch auch der Ausbreitung der Samen/Früchte dienen.

Die **Blüten- oder Kronblätter** schützen ebenfalls die innen liegenden Fortpflanzungsorgane. Darüber hinaus sind sie oft bunt gefärbt und dienen so der Fernanlockung von Blütenbesuchern. Bienen können wie der Mensch trichromatisch sehen, d. h. es gibt drei Grundfarben des Lichtes, aus deren Mischung alle anderen Farben entstehen:

Mensch:	Grün, Rot, Blauviolett; sichtbarer Spektralbereich etwa:	400–800 nm
Bienen:	Gelb, Blau, Ultraviolett; sichtbarer Spektralbereich etwa:	300–650 nm

Bienen nutzen somit einen etwas anderen Wellenlängenbereich der Strahlung als der Mensch. Für Bienen ist der sichtbare Spektralbereich zum kurzwelligen, ultravioletten Licht hin verschoben, dafür können sie kein Rot sehen. Wir Menschen können Rot als Farbe wahrnehmen, aber kein UV-Licht. Für Bienen ist UV-Licht aber eine Farbe. Viele Bienenblüten haben daher häufig noch eine UV-Komponente oder UV-Farbmale, die den Weg zum Nektar weisen und die wir nicht sehen können. So lässt sich erklären, dass rote Blüten, z. B. vom Klatsch-Mohn, von Bienen entdeckt und besucht werden, obwohl sie rotblind sind. Oft geben Blüten spezifische Duftstoffe ab, die den Besuchern innerhalb der Blüte die Orientierung erleichtern, ein Wiedererkennen ermöglichen und auch der Fernanlockung dienen können (z. B. bei Nachtfalterblumen).

Die **Staubblätter**, der «männliche» Teil der Blüte, bestehen aus einem Faden (Filament), der sie am Blütenboden verankert und den Staubbeuteln (Antheren). Letztere bestehen aus jeweils zwei Pollensäcken, in denen aus den Pollenmutterzellen durch Reduktionsteilung (Meiose) die Pollenkörner mit einem einfachen (haploiden) Chromosomensatz hervorgehen. Bei der Reifung der Pollenkörner findet mindestens eine weitere mitotische Teilung statt, infolge derer zwei Zellen entstehen, eine vegetative Pollenschlauchzelle und eine generative Geschlechtszelle. Die Geschlechtszelle teilt sich noch einmal in zwei Spermakerne, von denen einer bei der Befruchtung mit der Eizelle verschmilzt. Die vegetative Zelle verschmilzt mit zwei weiteren weiblichen Zellen zum Nährgewebe, welches den Embryo versorgt.

Die Gesamtheit der **Fruchtblätter** wird als der «weibliche» Teil der Blüte angesehen. Die Fruchtblätter sind zu einem Fruchtknoten verwachsen. In ihrem Inneren verborgen, von schützenden Hüllen umgeben, befinden sich die Samenanlagen. Der Griffel verbindet den Fruchtknoten mit dem Empfangsorgan für den Pollen, der Narbe. Fruchtknoten, Griffel und Narbe zusammen werden als Stempel bezeichnet.

Bestäubung – Befruchtung

Damit Pflanzen sich fortpflanzen können und Samen ausbilden, ist in der Regel eine vorherige Bestäubung mit einer anschließenden Befruchtung notwendig.

Bei der **Bestäubung** wird der Pollen durch verschiedene Vektoren, also Boten wie z. B. Wind, Tiere oder Wasser, von einer Blüte auf die Narbe einer anderen Blüte derselben Art gebracht. Dort keimt er und durchwächst mit dem Pollenschlauch das Griffelgewebe bis zu den Samenanlagen im Fruchtknoten. Wenn dann der Spermakern und die weibliche Eizelle miteinander zu einer Zygote verschmelzen, spricht man von Befruchtung. Bestäubung und **Befruchtung** sind somit räumlich und zeitlich getrennte Vorgänge.

Eine erfolgte Bestäubung bedeutet nicht zwangsläufig auch eine erfolgreiche Befruchtung, denn der mitgebrachte Pollen kann von einer falschen Pflanzenart oder von einem nicht kompatiblen Partner stammen.

Fremdbestäubung, also Pollen derselben Art, aber eines anderen Individuums, erhöht den Genpool der Art; Nachbarbestäubung, mit Pollen anderer Blüten desselben Individuums, nicht. Besucht eine Biene viele verschiedene Blüten ein und derselben Pflanze, überträgt sie genetisch identischen Pollen. Wechselt die Biene zwischen den Pflanzenindividuen, vermittelt sie eher Fremdbestäubung. Letzteres ist von entscheidender Bedeutung für das Überleben der Pflanzenart.

Bienen

Wie kann man als Laie wildlebende Bienenarten überhaupt erkennen? Das ist gar nicht so einfach, denn Wildbienen haben ein vielfältiges Erscheinungsbild. Das Gros der Wildbienen ist sehr klein (die kleinsten 2 mm) und unglaublich schnell, viele Arten sind scheu. Hat man eine entdeckt, ist sie auch schon wieder davongeflogen, bevor man sie als solche identifizieren kann. Hinzu kommt, dass die Weibchen und die Männchen ein und derselben Wildbienenart oft unterschiedlich aussehen. Dieser Geschlechtsdimorphismus ist bei den verschiedenen Bienenarten unterschiedlich stark ausgeprägt. Man muss sich also meist für eine Art zwei Gestalten einprägen. Oft ist es leichter die Weibchen zu identifizieren, da ihre Pollentransporteinrichtungen an Bauch oder Beinen zuweilen gute Erkennungsmerkmale hergeben, welche den Männchen fehlen. Der Grundbauplan aller Bienen ist jedoch gleich.

Der Körperbau der Bienen

Wie bei allen Insekten ist der Bienenkörper in drei Abschnitte gegliedert und besteht aus Kopf, Brust und Hinterleib. Im Folgenden werden die drei Körperteile vorgestellt.

Abb. 5: Dreigliedriger Bau des Bienenkörpers am Beispiel einer Garten-Wollbiene (*Anthidium manicatum,* Weibchen): Kopf (Caput), Brust (Thorax), Hinterleib (Abdomen). Die Bauchplatten (Sternite) tragen bei dem Weibchen eine Bauchbürste (Scopa) aus hellen Borsten. Man beachte den orangefarbenen Schenkel des linken Hinterbeins.

Kopf

Der Bienenkopf (Caput) trägt viele wichtige Sinnesorgane, wie die Augen, die Antennen und die Mundwerkzeuge.

Die **Komplex- oder Facettenaugen** der Bienen sind durch ihre Größe besonders auffällig. Sie bestehen aus mehreren 1000 Einzelaugen (Ommatidien), zwischen denen sich einzelne Sinneshaare befinden können. Sie dienen dem Orientierungssehen. Durch die Wölbung schaut jedes Einzelauge in eine etwas andere Richtung. Das Einzelauge ist sechseckig und von außen nach innen folgendermaßen aufgebaut: Auf eine durchsichtige Linse aus Chitin, die Cornea, folgt ein Kristallkegel, durch den das Licht an die darunterliegenden Sehzellen weitergeleitet wird.

Zwischen den Facettenaugen befinden sich drei Stirn- oder Punktaugen (Ocellen). Diese Sinnesorgane fungieren vermutlich u. a. als Gleichgewichtsorgan und zur Orientierung insbesondere, wenn die Bienen schnell die Flugrichtung wechseln.

Fovea facialis: Eine dicht samtig behaarte, meist flache «Gesichtsgrube» kann am Innenrand der Komplexaugen zwischen den Ocellen und der Basis der Antennen ausgebildet sein (Abb. 11). Unter der Fovea wurde eine Drüse gefunden (Stirnseitendrüse), deren Funktion noch unklar ist. Besonders auffällig ist die Fovea facialis bei Weibchen von Sandbienenarten *(Andrena)*.

Abb. 6: Kopf frontal von einem Weibchen der Garten-Wollbiene *(Anthidium manicatum)* mit großen Facettenaugen. An der Stirn befinden sich Haare, die Pollen aufnehmen können, wenn die Biene die Stirn an die Staubblätter herandrückt. 1 Scheitel, 2 Punktaugen (Ocellen), 3 Fühler/Antenne, 4 Fühlerschaft, 5 Fühlergeißel, 6 Stirn, 7 Nebengesicht, 8 Facettenauge, 9 Kopfschild (Clypeus), 10 Oberkiefer (Mandibel).

Die beiden **Antennen oder Fühler** sitzen am Scheitel des Kopfes zwischen den Facettenaugen. Das unterste Glied, der Schaft (Scapus), sitzt der Kopfkapsel mit einem Kugelgelenk an. Das folgende Glied kann von Muskeln bewegt werden und ist als Scharniergelenk ausgebildet («Wendeglied», Pedicellus). Darauf folgen beim Weibchen 10, bei den Drohnen 11 Geißelglieder. Beim Zählen der Fühlerglieder wird am Schaft begonnen (= 1. Fühlerglied), bei den Weibchen sind es daher insgesamt 12 Glieder und 13 bei den Männchen. Die Länge/Breite der einzelnen Glieder kann zur Bestimmung herangezogen werden, sofern man sie mit bloßem Auge erkennen kann. Wer die Bienen mit einem guten Makroobjektiv fotografiert, kann nach dem Heranzoomen oft die Glieder zählen. Die Fühler sind mit verschiedenen Sinnesorganen besetzt. Die Porenplatten dienen der Geruchswahrnehmung, die Haare dem Tasten.

Die **Mundwerkzeuge** haben unterschiedliche Funktionen: Die Oberkiefer (Mandibeln) sind Kauwerkzeuge, der Rüssel (Proboscis) dient dem Aufsaugen von Flüssigkeiten. Die steife, unbewegliche **Oberlippe** (Labrum) wird z. T. vom Kopfschild (Clypeus) verdeckt und ist makroskopisch in der Regel nicht zu erkennen. Die Oberlippe verhindert, dass die Bienen die Nahrung aus dem Mund verlieren. Die seitlich sitzenden, zangenförmigen **Oberkiefer** (Mandibeln) sind so über Sehnen mit Muskeln verbunden, dass sie geöffnet und geschlossen werden können. Sie dienen u. a. der Verteidigung, dem Abschneiden von Blüten- und Blattstücken, dem Einsammeln von Nistmaterial und dem Festklammern an Pflanzenstrukturen. Zwischen dem Oberkiefer und der Unterlippe befinden sich die paarigen **Unterkiefer** (Maxillae), die sich jeweils aus mehreren Gliedern zusammensetzen, die mit bloßem Auge nicht zu erkennen sind (Basalteil – Stipes, Außenlade – Galea, Kieferntaster – Maxillarpalpus). Der Unterkiefer bildet zusammen mit der Unterlippe ein Saugrohr (Rüssel, Proboscis). Dabei ist die Länge der im Inneren liegenden Zunge (Glossa) gattungsspezifisch und kann bei den heimischen Bienenarten von extrem kurz mit etwas über einem Millimeter (z. B. bei Maskenbienen – *Hylaeus*) bis lang mit 19–21 mm bei der Frühlings-Pelzbiene *(Anthophora plumipes)* reichen. Entsprechend unterschiedlich ist die Fähigkeit der Bienenarten, an tief in Kronröhren verborgenen Nektar zu gelangen. Ob Nektar getrunken wird, entscheidet sich meist an der Zungenspitze und den Kiefern- und Lippentastern, die mit Sinneszellen besetzt sind.

Der Bau der Mundwerkzeuge ist Grundlage für die Unterteilung der Bienen in mehrere Familien. Ein wichtiges Merkmal ist die Unterteilung zwischen kurz- und langzüngigen Bienen. Folgende Bienenfamilien werden (nach Michener 2000) unterschieden, es werden nur mitteleuropäische Familien genannt:

Kurzzüngige Bienenarten:
Seidenbienenartige (Colletidae): Weltweit mit ca. 2000 Arten, mit einem Verbreitungsschwerpunkt in Australien und Südamerika. In Mitteleuropa kommen Seidenbienen (*Colletes,* 21 Arten) und Maskenbienen (*Hylaeus,* 45 Arten) vor. Charakteristisch sind ihre kurze, breite, zweilappige Zunge (wie bei Grabwespen) und die pergamentartige Auskleidung der Brutzellen, welche sie selbst aus Drüsensekreten herstellen. Seidenbienen gehören zu den Beinsammlern und transportieren den Pollen in den Haaren der Schiene, der Unterseite der Schenkel, der Hinterbeine sowie den Seiten des ersten Hinterleibssegments (Propodeum).

Sandbienenartige (Andrenidae): Meist solitäre Arten, einige sind kommunal; alle Bodenbrüter und Beinsammlerinnen. Die größte Gattung sind die Sandbienen *(Andrena)* mit etwa 1500 Arten weltweit. Auch die Zottelbienen *(Panurgus)* gehören in diese Familie, mit weltweit 35 Arten, in Europa 3.

Furchenbienenartige (Halictidae): Weltweit etwa 3500 Arten. Es kommen solitäre und soziale Lebensweisen sowie Kuckucksbienen vor. Nestbauende Arten nisten hauptsächlich im Boden. Alle Weibchen sind Beinsammlerinnen. Hierzu gehören unter anderem Furchenbienen (*Halictus,* weltweit über 200, Mitteleuropa 28, D 18 Arten), Schmalbienen (*Lasioglossum,* weltweit über 1700, D 64, CH und A 88 Arten), Blutbienen (*Sphecodes,* weltweit knapp 350, Mitteleuropa 30, D 25 Arten).

Sägehornbienenartige (Melittidae): Eine kleine Familie mit wenigen einheimischen Arten, nämlich den Hosenbienen (*Dasypoda,* D, CH und A 5 Arten), Schenkelbienen (*Macropis,* weltweit 15, D, CH und A 2 Arten), Sägehornbienen (*Melitta,* weltweit 47, D 5, CH und A 4 Arten).

Langzüngige Bienenarten:
Blattschneiderbienenartige (Megachilidae): Weltweit über 4000 Arten. Alle Weibchen sind Bauchsammlerinnen. Vorderflügel mit zwei etwa gleich großen Cubitalzellen; unterhalb jeder Antennenbasis eine Längsnaht (nicht mit bloßem Auge sichtbar). Darunter Mauerbienen *(Osmia)*, Blattschneiderbienen *(Megachile)*, Scherenbienen *(Chelostoma)*, Löcherbienen *(Heriades)*, Wollbienen *(Anthidium)*.

Echte Bienen *(Apidae)*: Eine der größten und vielfältigsten Familien mit fast 6000 Arten weltweit. Solitäre und soziale Lebensweisen. Darunter Pelzbienen *(Anthophora)*, Holzbienen *(Xylocopa)*, Wespenbienen *(Nomada)*, Langhornbienen *(Eucera)*, Honigbienen *(Apis)*, Hummeln *(Bombus)*.

Abb. 7: Die sehr kurze, zweigeteilte Zunge ist typisch für Wildbienenarten aus der Gattung *Colletes,* hier eines Weibchens von *C. cunicularius.*

Abb. 8: Mit der besonders langen Zunge kann die Natternkopf-Mauerbiene (*Osmia adunca,* Weibchen) an tief in Blüten verborgenen Nektar gelangen.

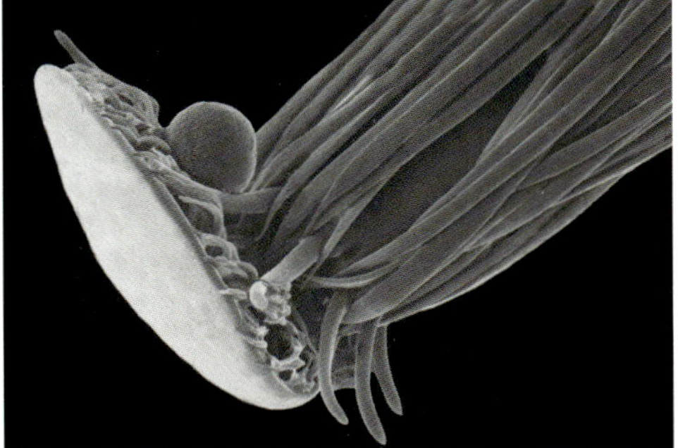

Abb. 9: Die Zunge einer Blattschneiderbiene *(Megachile)* besitzt am unteren Ende ein «Löffelchen», welches in den Nektar hineingetaucht wird (rasterelektronenmikroskopische Aufnahme, Vergrößerung 1000-fach).

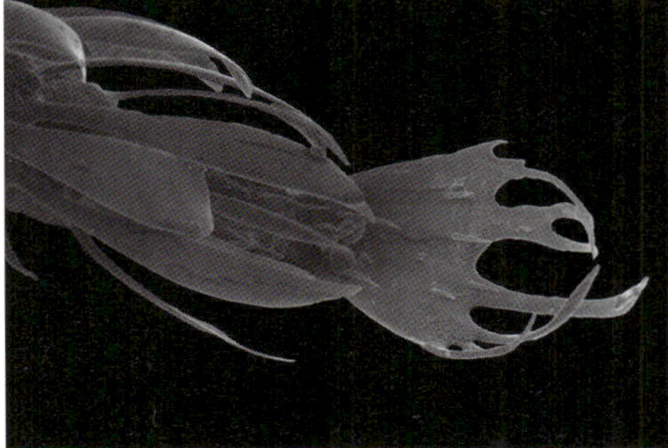

Abb. 10: Die Zunge einer Pelzbiene *(Anthophora)* trägt am unteren Ende einen verbreiterten Abschnitt, welcher in den Nektar hineingetaucht wird (rasterelektronenmikroskopische Aufnahme, Vergrößerung 300-fach).

Brustabschnitt

Wie bei allen Insekten werden innerhalb des Brustabschnittes *(Thorax)* noch einmal drei Segmente unterschieden: der vordere (Prothorax, Pronotum), der mittlere (Mesothorax, Mesonotum) und der hintere Brustpanzer (Metathorax, Metanotum). An jedem der drei Brustsegmente setzt je ein Beinpaar an.

Das **Pronotum** verbindet, wie ein Hals, den Brustbereich mit dem Kopf. Hier sitzen links und rechts die beiden Vorderbeine an, jedoch keine Flügel.

Der oft gewölbte Rückenteil («Buckel») des **Mesonotums** wird auch als Schild (Scutum) bezeichnet. Hinter ihm befindet sich oft ein kleinerer Anhang, das Schildchen (Scutellum). Am mittleren Brustabschnitt sitzen das mittlere Beinpaar und die Vorderflügel an. Die Flügel-Ansatzstelle wird von je einer Chitinschuppe bedeckt (Tegula).

Der **Metathorax** trägt die Hinterbeine (3. Beinpaar) und die Hinterflügel. Hier befindet sich ein weiteres Schildchen (Postscutellum).

Jede Biene besitzt drei **Beinpaare**, die an der Brust ansitzen. Diese haben neben dem Laufen weitere Funktionen. Mit dem ersten Beinpaar werden der Kopf und die Antennen geputzt, mit den Mittelbeinen der Thorax. Weibchen der Weiden-Sandbiene *(Andrena vaga)* und der Weißbindigen Furchenbiene *(Halictus sexcinctus)* konnten mehrfach beobachtet werden, wie sie versuchten paarungsbereite Männchen abzuwehren, indem sie diese von unten mit den Mittelbeinen umfassten und judomäßig auf die Seite warfen. Das dritte Beinpaar ist bei den Weibchen der Beinsammlerinnen für den Transport des Pollens zum Nest mit speziellen Borsten oder Haaren ausgestattet. Der Pollen wird von den Vorderbeinen über die Mittelbeine an die Transporteinrichtungen der Hinterbeine weitergegeben.

Abb. 11: Brustsegmente bei der Knautien-Sandbiene *(Andrena hattorfiana).*

Die Beine bestehen, ähnlich dem menschlichen Bein, aus den folgenden fünf Gliedern: Hüfte (Coxa), **Schenkelring** (Trochanter), **Schenkel** (Femur, «Oberschenkel»), **Schiene** (Tibia, «Unterschenkel»), **Fuß** (Tarsus).

Zwischen Hüfte und Schenkelring sowie zwischen Schenkel und Schiene befinden sich Gelenke, die Drehbewegungen ermöglichen. An Schenkel und Schiene sitzen häufig Dornen oder Zähnchen, die z.T. arteigen sind. Bei Weibchen bodenbrütender Arten befindet sich am oberen Ende der Schiene (zum Schenkel hin) oft eine verbreiterte Platte, die sog. Basitibialplatte, die zum Abstützen in den Nistgängen dient.

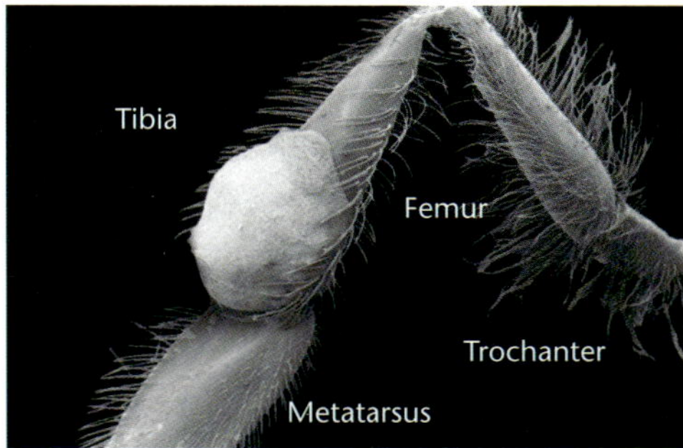

Abb. 12: Hinterbein einer Honigbiene *(Apis mellifera)* mit einem «Körbchen» an der Schiene als Transporteinrichtung (rasterelektronenmikroskopische Aufnahme, Vergrößerung 20-fach).

Es gibt fünf Fußglieder, die insbesondere an den Hinterbeinen der Weibchen unterschiedlich ausgebildet sind. Das erste Fußglied der Hinterbeine, das «Fersenglied» (der Metatarsus), ist verlängert, mindestens so lang wie die zweiten bis vierten Fußglieder zusammen. Es ist meistens abgeflacht, manchmal auch stark verbreitert und kann eine Haarbürste zum Pollentransport tragen. Das letzte Fußglied trägt zwei Krallen.

Abb. 13: Basitibialplatte der Weißbindigen Furchenbiene *(Halictus sexcinctus)* an der Schiene (Tibia) des Hinterbeins.

Bienen besitzen zwei Paar häutiger **Flügel** (Name: Hautflügler!), also insgesamt vier. Über eine Hakenreihe der beiden Hinterflügel sind diese mit den beiden Vorderflügeln zu einer Einheit verbunden. In Ruhestellung kann dieser «biologische Reißverschluss» aktiv gelöst und wieder verhakt werden.

Die Flügel sind längs und quer von steifen Adern durchzogen, die der Festigung dienen. Der Verlauf der Adern und die durch sie abgegrenzten Flügelzellen sind wichtige Bestimmungsmerkmale zum Erkennen der Bienengattung (Anzahl, Lage, Größe). Die Adern und Felder haben eigene Namen, wobei unterschiedliche Autoren verschiedene Benennungen verwenden. Diagnostische Merkmale weisen z. B. die Radial- und Cubitalzellen sowie die Basaladern auf.

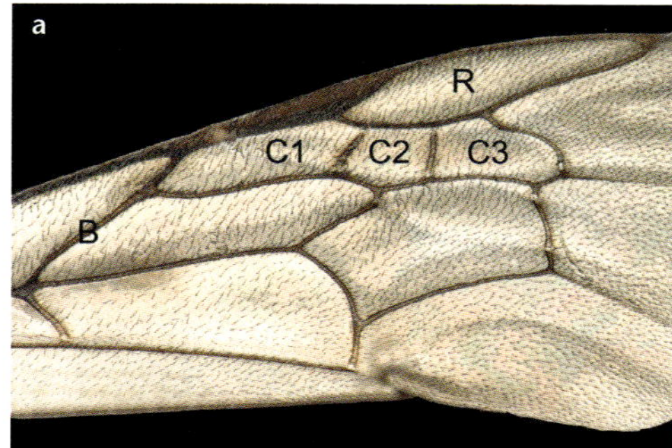

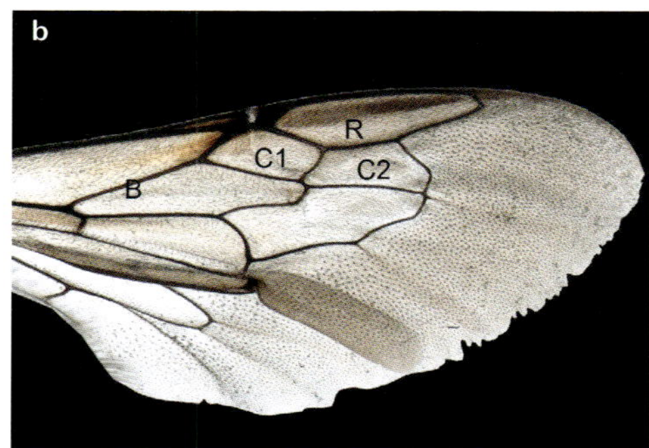

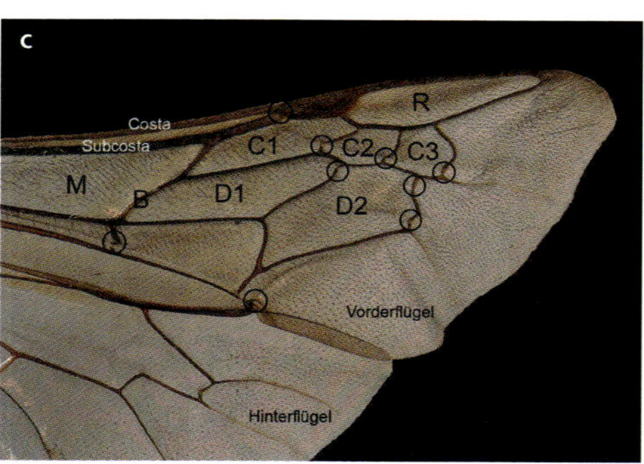

Abb. 14 a) Vorderflügel einer Sandbiene *(Andrena)* mit **drei** Cubitalzellen (C1–C3), die erste am größten, die mittlere am kleinsten; Radialzelle (R) zur Flügelspitze hin verschmälert; Basalader (B) kaum gebogen. **b)** Vorderflügel der Garten-Wollbiene *(Anthidium manicatum)* mit **zwei** Cubitalzellen; Radialzelle (R) mehr oder weniger vom Flügelrand entfernt, am Ende gestutzt; Basalader (B) gerade. Hier sind Vorder- und Hinterflügel miteinander verbunden. **c)** Adern im Flügel der Frühlings-Seidenbiene *(Colletes cunicularius)* mit bestimmungsrelevanten Merkmalen und Gelenken in den Adern. Drei Cubitalzellen (C1–C3), die erste am größten, die beiden anderen etwa gleich groß, die Basalader (B) kaum gebogen.

Innerhalb dieser scheinbar starren Flügeladern befinden sich gelenkartige, elastische Bereiche, die im Flug zu der enormen Beweglichkeit der zarten «Tragflächen» beitragen und für schnelle Flugmanöver von Bedeutung sind. Erstmals wurde bei Hummeln (die auch zu den Wildbienen zählen) in den Gelenken innerhalb der Flügeladerung das besonders elastische Protein Resilin nachgewiesen, welches bei ihnen für die Biegsamkeit sorgt. Neben den Auf- und Abbewegungen der Flügel, welche durch die Flügelmuskulatur des Thorax gesteuert werden, sind daher auch kreisförmige Bewegungen möglich.

Hinterleib

Das erste Segment des Hinterleibs (Abdomen), das Propodeum, liegt noch vor der «Wespentaille». Es ist mit dem Brustteil derart verwachsen, dass es eine Einheit bildet und zu ihm gehörig erscheint. Die «Wespentaille» ist eine Einschnürung zwischen dem ersten und zweiten Hinterleibssegment. Der hinter der Taille liegende Teil des Hinterleibs ist bei Weibchen in sechs Segmente gegliedert, bei Drohnen in sieben. Er besteht aus harten Chitinplatten, die auf dem Rücken als Tergite, auf dem Bauch als Sternite bezeichnet werden. Sie sind durch häutige Gelenke verbunden und gegeneinander beweglich. In der Gruppe der Bauchsammlerbienen tragen die Weibchen an der Unterseite des Hinterleibs die Einrichtung zum Pollentransport. Sie besteht aus einer Bauchbürste (Scopa) aus steifen, nach hinten gerichteten Haaren oder Borsten, deren Farbe bestimmungsrelevant sein kann.

Die Körperoberfläche der Bienen ist oft arttypisch strukturiert und kann z. B. Punkte, Runzeln, Narben oder Streifen tragen, die für die Artbestimmung wichtig sein können, jedoch nur mit starker Vergrößerung unter dem Binokular sichtbar sind. Das Vorhandensein oder Fehlen einer Behaarung und deren Ausgestaltung sind für die Bestimmung der Arten ebenfalls bedeutsam.

Abb. 15: Bauchsammlerbiene: Weibchen der Garten-Wollbiene *(Anthidium manicatum)*; Scopa aus hellen Borsten an der Unterseite des Hinterleibs (mit Stachel).

Abb. 16: Bestimmungsrelevante Skulpturierung der Körperoberfläche an den Hinterleibssegmenten eines Seidenbienen-Weibchens *(Colletes fodiens)*: Rückensegment 1 dicht punktiert, Rückensegment 2 matt, feiner und dichter punktiert.

Pollentransporteinrichtungen

Hinsichtlich des Pollentransportes zum Nest können grundsätzlich drei Transporteinrichtungen am Körper der Bienen unterschieden werden. Obwohl es sich dabei eigentlich nicht um Sammel-, sondern um Transporteinrichtungen handelt, spricht man von:

1. **Kropfsammlerinnen:** Pollen und Nektar werden verschluckt, im Vorderdarm zum Nest befördert und dort wieder hervorgewürgt (z. B. Maskenbienen).
2. **Bauchsammlerinnen:** Die Unterseite des Hinterleibs ist mit einer Bauchbürste ausgestattet, in deren Borstenreihen der Pollen zum Nest transportiert wird (z. B. Blattschneider-, Löcher-, Mauerbienen). Siehe Abb. 15.
3. **Beinsammlerinnen:** Die Glieder der Hinterbeine (Hüfte, Schenkelring, Schenkel, Schienen und das erste Fußglied) werden in unterschiedlichem Maße als Transporteinrichtungen eingesetzt (z. B. bei Sand-, Furchen-, Seidenbienen). Oft wird auch das Propodeum mit einbezogen. Siehe Abb. 11 u. 12.

Da Kuckucksbienen oder «Schmarotzerbienen» keinen Pollen sammeln und zum Nest bringen müssen, haben sie keine Pollentransporteinrichtungen. Die meisten Kuckucksbienen sind daher nur spärlich oder gar nicht behaart.

Wie kann man Wildbienen artgerecht unterstützen?

Drei Dinge sind für Wildbienen grundsätzlich wichtig:

- Lebensraum
- Nistplätze und Baumaterial
- Nahrungsquellen

Lebensraum

So vielfältig die Wildbienen sind, so unterschiedlich sind auch ihre natürlichen Lebensräume, z. B. Hecken, Brachflächen, Auwälder, Waldränder, artenreiche Wiesen, Hochstaudenfluren, Uferbereiche, Sand-, Kies- und Lehmgruben, Dünen, Lösswände, Abbruchkanten, Böschungen, Steilwände, um nur einige zu nennen.

Abb. 17: a) Kleinräumig strukturierter Lebensraum mit reichem Blütenangebot vom Frühjahr bis zum Herbst; **b)** Steilwand; **c)** Abbruchkanten; **d)** sonniger Weg mit sandigem Boden und schütterer Vegetation.

Lebensraum kann aber auch im Garten und auf dem Balkon geschaffen werden. Selbst wenn das nur Ersatzlebensräume sind, die in ihrer Komplexität nicht an die natürlichen Lebensräume heranreichen, ermöglichen sie durchaus eine gewisse Strukturvielfalt, und können für Wildbienen wertvoll sein. Wer darüber hinaus die folgenden Dinge und die Tipps, die in den Artenporträts zu finden sind, berücksichtigt, hat gute Chancen, dass sich Wildbienen im Garten ansiedeln.

Was man tun kann, um die Strukturvielfalt im Garten zu erhöhen:

- Mauern mit breiten Fugen
- offene Wege anstelle von Pflasterwegen; wo gepflastert wird, breite Fugen lassen
- Trockenmauern an sonnigen Bereichen anlegen
- Bauerngärten anlegen
- Kräuterspiralen bauen
- Teiche anlegen
- anstelle von Thuja, Kirschlorbeer, Glanzmispel und Co. Hecken pflanzen, z. B. mit Schlehen, Wildrosen, Johannisbeeren, Stachelbeeren, Hartriegel, Felsenbirne oder Brombeere
- bei genug Platz eine Streuobstwiese anlegen
- «Unordnung» zulassen

Durch die Fragmentierung der Landschaft gehen auch die wichtigen Verbundsysteme zwischen Biotopen verloren, ohne die ein genetischer Austausch zwischen Populationen einer Art unmöglich wird. Und wer weiß, vielleicht ist gerade Ihr Garten oder Balkon ein Trittstein für eine Wildbienenart, um von einem isolierten naturnahen Lebensraum zum nächsten zu gelangen?

Naturnah gestaltete Gärten, in denen nicht permanent umgegraben und sauber geputzt wird, und wo es zumindest eine «unordentliche» Ecke gibt, sind schon ein guter Anfang.

Abb. 18: Ein blütenreicher Garten ist eine gute Unterstützung für Wildbienen.

Nistplätze

Am besten ist es, die vorhandenen Nistplätze zu schützen, was auch gesetzlich geboten ist. Aufgrund der intensiven Landnutzung durch den Menschen ist mit den natürlichen Lebensräumen für Wildbienen auch das Nistplatzangebot oft zur Mangelware geworden. Doch geeignete Nistplätze sind essenziell für das Überleben der Arten, da hier ihre Kinderstuben sind, in denen sich die Nachkommen entwickeln. Von den

531 in Deutschland noch vorkommenden Wildbienenarten bauen die Weibchen von 380 Arten Nester und sammeln Blütenprodukte als Larvenfutter. Die restlichen, immerhin 151 Bienenarten, sind Kuckucksbienen. Sie leben parasitisch in den Nestern der nestbauenden Arten und nutzen deren Brutfürsorge aus, ganz so wie der Kuckuck, der seine Eier in die Nester anderer Vögel legt und seine Küken von den Nestbesitzern großziehen lässt.

So unterschiedlich die Wildbienenarten sind, so verschieden ist auch der Nestbau. Um neue Nistplätze zu schaffen und den Wildbienen das benötigte Baumaterial zur Verfügung zu stellen, sei hier auf die Informationen in den Artporträts verwiesen.

Nur die Weibchen bauen Nester, wobei folgende Bauweisen unterschieden werden können:

- **Selbst gebaute Nester** (Bodennester, selbst genagte Hohlräume, Freibauten)
- **Nutzung vorhandener Hohlräume** (hohle Pflanzenstängel, Käferfraßgänge, Schneckenhäuser, Felsspalten, alte Gallen)

Selbst gebaute Nester

Bodennester

Die Hälfte der nestbauenden Wildbienenarten nistet endogäisch, also im Boden. Zählt man die Kuckucksbienen dazu, die ja keine eigenen Nester bauen, aber auf ihre bodenbrütenden Wirte angewiesen sind, sind es sogar 75 %. Als Bodenbrüter benötigen viele Arten warme, sonnige, offene, nicht oder nur schütter bewachsene, sandige, sandig-lehmige oder lösshaltige Böden. Manche Wildbienenarten legen ihre Bodennester bevorzugt auf ebenen Flächen an, andere nisten in mehr oder weniger stark geneigten Böden.

Hier graben die Weibchen ihre Nistgänge, an deren Ende die Brutzellen gebaut werden. Das Bodensubstrat muss so weich beschaffen sein, dass die Weibchen ihre Gänge und Brutzellen aushöhlen können. Manche Weibchen glätten lediglich die Wände der Brutzellen von innen, andere streichen sie mithilfe der sog. Pygidialplatte (bzw. Pygidialfeld) an der Hinterleibsspitze fest. Wieder andere tragen von innen einen Film aus Drüsensekreten oder Fetten auf die Wände der Brutzellen auf, und manche tapezieren ihre Brutzellen mit Pflanzenwolle, abgeschnittenen Laub- oder Blütenblattstücken aus.

Abb. 19: Eine Ansammlung von Nestern der Weiden-Sandbiene *(Andrena vaga)*. Die Weibchen legen ihre Nester bevorzugt in ebenen bis schwach geneigten Flächen an.

Abb. 20: Pygidialplatte an der Hinterleibsspitze eines Weibchens der Knautien-Sandbiene *(Andrena hattorfiana)*.

Abb. 21: Eine natürlich entstandene Sandinsel durch die Grabaktivität einer Fuchsfamilie.

Abb. 22: Künstlich aufgeschichtete Sandinseln.

Eine sehr gute Hilfe ist es, im eigenen Garten Räume für bodenbrütende Wildbienen zu schaffen. Offene, sandig-lehmige Bodenbereiche können bevorzugt in sonniger Lage geschaffen werden. Einen Anfang kann man mit dem Bau einer Sandlinse, einer Sandinsel oder einem Sandbeet bzw. Sandarium machen. Hierzu eignet sich Sand oder sandiger Lehm. Es sollte kein gewaschener Sandkistensand verwendet werden, denn der ist nicht bindig genug. Besser ist es, ungewaschenen Sand mit einem gewissen Lehmanteil zu verwenden. Das Substrat sollte möglichst aus einer regionalen Sandgrube stammen, aber nie aus den natürlichen Lebensräumen entnommen werden. Es reicht schon eine Fläche von 40 cm^2 und 40 cm in der Tiefe, um eine Sandinsel zu schaffen. Wer den Platz dafür hat, kann auch größer und tiefer bauen, denn größere Flächen sind attraktiver für Wildbienen. Damit der Sand nicht nach und nach wegrieselt, ist es sinnvoll, das Beet mit Steinen einzufassen. Auch ist es wichtig, dass Wasser ablaufen kann, eine Drainage kann unten eingebaut werden, z.B. eine Kiesschicht. Auf diese Weise vermeidet man Staunässe.

Selbst genagte Hohlräume

Einige Wildbienenweibchen sind auf das Vorkommen von markhaltigen Pflanzenstängeln angewiesen. Besonders aus den Stängeln von Brombeeren, Himbeeren und Königskerzen schaben die Weibchen mit ihren Mandibeln das Mark heraus. Wer z.B. gleich nach der Blüte die Pflanzen bodennah zurückschneidet, nimmt den Bienen ihre Brutplätze mitsamt dem darin befindlichen Nachwuchs weg. Wer abgeblühte Stängel von den Beeten trotzdem entfernen möchte, kann einzelne, markhaltige Pflanzenstängel regensicher, an sonniger Stelle bereitstellen, wo sie den Ordnungssinn nicht stören. In der Natur stehen abgestorbene Pflanzenteile mindestens bis ins nächste Jahr, wenn aus den Stängeln die Nachkommen geschlüpft sind. Die Natur räumt nicht für das ästhetische Empfinden des Menschen auf. Daran kann man sich orientieren, wenn man den Wildbienen helfen möchte.

Holzbienen nagen ihre Nester in morsches Holz. Wer Totholz im Garten, an sonniger, geschützter Stelle lagert, würde ihnen helfen.

Freibauten

Einige Bienenweibchen modellieren ihre Nester selbst aus Harz oder Lehm an Steinen, Felsen, Mauersteinen.

Nutzung vorhandener Hohlräume

Etwa 20 % der Wildbienenarten nisten als Hohlraumbewohner beispielsweise in verlassenen Käferlarven-Fraßgängen in Totholz, in hohlen Pflanzenstängeln, in Felsspalten oder in verlassenen Schneckenhäusern. Solche Arten nehmen auch künstliche Nisthilfen an, sofern dort Hohlräume zu finden sind, deren Durchmesser ihrer Größe entspricht (z. B. Bambushalme, Bohrungen in Holz, Strangfalzziegel).

Abb. 23: Alte Zaunpfähle mit Käferfraßgängen sind ideal für Hohlraumbewohner, da sie innen ganz glatt ausgenagt sind und daher die Bienenflügel nicht verletzen.

Abb. 24: Strangfalzziegel als Nisthilfe. Der Draht schützt vor Fraß durch Spechte und andere Vögel.

Vielerorts sind z. T. aufwendige Nisthilfen gebaut worden, die auch Wildbienen-«Hotels» genannt werden. Wildbienen verbringen jedoch ihre gesamte Individualentwicklung in ihren Brutzellen, die adulten Weibchen leben auch während der Nacht und schlechter Wetterperioden in ihren Nestern. Sie wohnen dort also ihr ganzes Leben. Das Aufstellen von Nisthilfen ist gut gemeint, aber dient nur wenigen, meist häufigen Wildbienenarten. Solche künstlichen Nisthilfen retten die Wildbienen nicht, können jedoch sehr hilfreich sein, um Menschen an die Thematik heranzuführen, denn hier können direkte Beobachtungen gemacht werden. Drei Viertel aller Wildbienenarten sind Bodenbrüter, ihnen hilft kein «Wildbienenhotel». Das in Abb. 25 abgebildete «Hotel Wildbiene» ist wohl eher nach ästhetischen Gesichtspunkten der Menschen hergestellt worden. Hinter der mit wabenförmigen Durchbrüchen versehenen Edelstahlhülle befinden sich Holzblöcke mit ausgefransten Bohrlöchern. Allein schon deswegen würde keine Biene dort einziehen, denn die Holzspäne könnten ihre zarten Flügel verletzen. Diese Nisthilfe ist auch Jahre nach ihrem Aufstellen unbesiedelt. Wahrscheinlich erkennen Wildbienen diese edle Unterkunft nicht als solche, denn das Gebilde hat keinerlei Ähnlichkeit mit ihren natürlichen Nistplätzen. In künstlichen «Nisthilfen» sieht man auch immer wieder steinharte Blöcke aus Beton oder anderen durchgehärteten Materialien. Diese sind völlig wertlos für Wildbienen, denn keine Biene schafft es, darin einen Gang zu graben. So, wie in Abb. 26 (rechtes unteres Eck), sollte es nicht gemacht werden. Auch Stammquerschnitte wie im oberen rechten Eck sind nicht optimal, denn diese reißen leicht ein, sodass Feuchtigkeit durch die Risse in die Brutzellen eindringen kann. Dann könnten sie verpilzen und die Brut ist verloren. Das gilt auch für die Schweglerkästen in denen sich Plexiglasröhrchen befinden, die nicht «atmungsaktiv» sind. Gebündelte Bambusstängel, wie unten links, eignen sich hingegen gut. Sie sollten jedoch gut befestigt werden, damit sie nicht herausfallen.

Neben geeigneten Nistplätzen werden weitere Materialien für eine erfolgreiche Nestanlage benötigt. Zum Bauen von Zwischenwänden, zum Auskleiden von Brutzellen und für den Nestabschluss brauchen Wildbienen je nach Art: Lehm, Erde, Sand, Steinchen, Harz, Blüten- oder Laubblätter oder Pflanzenhaare. Alles muss für die Weibchen in erreichbarer Nähe zum Nest und den Futterpflanzen zu finden sein. Denn der Flugradius von Wildbienenweibchen zwischen Nest und Futterpflanzen beträgt nur etwa 100–300 m, maximal 1,5 km.

Abb. 25: Eines von vielen ungeeigneten Wildbienenhotel-Modellen.

Abb. 26: Von diesen «Nisthilfen» sind nur die Bambushalme für Wildbienen geeignet.

Nahrungsquellen

Nektar – Pollen – Öl

Als Vegetarier sind alle Bienen auf Blütenpflanzen angewiesen. Mit Ausnahme der Kuckucksbienen, die selbst keine eigenen Nester bauen, sammeln die Weibchen Pollen («Blütenstaub») aus den Staubblättern der Blütenpflanzen als Larvenfutter für ihre Nachkommen. Im Pollen sind Reservestoffe, wie Proteine, Lipide und Kohlenhydrate, eingelagert. Insbesondere der hohe Proteingehalt macht den Pollen für zahlreiche Insekten attraktiv, neben Bienen z. B. auch für Käfer und Schwebfliegen. Die Weibchen dieser Insekten brauchen die darin enthaltenen Proteine, damit ihre Eier ausreifen können. Die Larven der Bienen benötigen den Pollen für ihre Entwicklung zum adulten Insekt.

Manche Bienenarten sammeln Pollen an vielen verschiedenen Blütenpflanzenarten, andere Wildbienenarten sind wählerisch. In Deutschland sollen immerhin 32 % der nestbauenden Wildbienenarten Futterspezialisten sein. Man spricht von Monolektie, wenn die Weibchen den Pollen für ihre Nachkommen ausschließlich an einer einzigen Pflanzenart sammeln (z. B. die Auen-Schenkelbiene – *Macropis europaea* am Gewöhnlichen Gilbweiderich); von Oligolektie, wenn die Weibchen den Pollen für ihre Brutzellen nur an wenigen Blütenpflanzenarten, -gattungen oder -familien sammeln (z. B. die Weiden-Sandbiene – *Andrena vaga* an verschiedenen Weidenarten) und von Polylektie, wenn die Weibchen keine Spezialisierung hinsichtlich ihres Pollensammelverhaltens zeigen (z. B. die Aschgraue Sandbiene – *Andrena cineraria*).

Abb. 27: Ein Weibchen der Weiden-Sandbiene *(Andrena vaga)* voll beladen mit Weidenpollen vor ihrem Nesteingang.

Die unterschiedlichen Bienenarten sammeln mithilfe verschiedener Körperteile. Die meisten Arten benutzten dazu ihre Mandibeln und die Vorderbeine. Die Garten-Wollbiene *(Anthidium manicatum)* benutzt beispielsweise auch ihre Stirnfläche (Abb. 6) um Pollen zu ernten, indem sie gegen die Staubbeutel stößt. Einige bauchsammelnde Wildbienenarten vollführen wippende Bewegungen mit ihrem Hinterleib. Dieses Verhalten kann man sehr gut bei der Löcherbiene *(Heriades truncorum)* beobachten, die auf den Blütenständen von Korbblütlern den Pollen sammelt. Wahrscheinlich helfen elektrostatische Aufladungen dabei, den Pollen in die Scopa zu befördern. Meist wird der geerntete Pollen mithilfe weiterer Körperteile in die endgültige Transporteinrichtung umgelagert, in der er dann zum Nest gebracht wird. Einige Arten wühlen derart in den Blüten oder zwischen den Staubblättern, dass sie über und über mit Pollen beladen sind und sich anschließend den Pollen vom Körper abputzen.

Wenn man sich anschaut, wie unterschiedlich die Pollenkörner verschiedener Pflanzenarten gestaltet sind (Abb. 28), ist es vielleicht leichter nachvollziehbar, dass Wildbienenarten, die auf Pollen bestimmter Futterpflanzenarten spezialisiert sind, nicht einfach auf andere wechseln können.

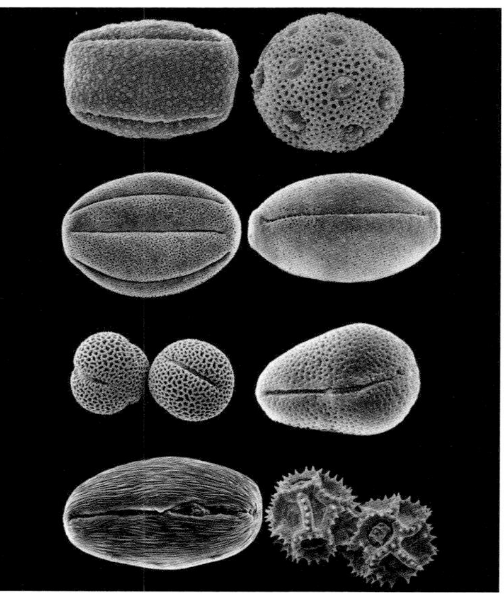

Abb. 28: Pollenkörner verschiedener Blütenpflanzen von oben nach unten: links: Stiel-Eiche 2400-fach, Gundermann 1850-fach, Strand-Grasnelke 600-fach, Süß-Kirsche 2100-fach; rechts: Rote Lichtnelke 2400-fach, Acker-Winde 1200-fach, Gewöhnlicher Natternkopf 2400-fach, Sumpf-Pippau 1200-fach (rasterelektronenmikroskopische Aufnahmen).

Bei manchen Arten wird der Larvenproviant von den Weibchen mit Nektar vermengt (z. B. bei Hummeln), bei anderen trocken in den Brutzellen abgelegt, oder erst dort mit hochgewürgtem Nektar vermischt (z. B. bei der Frühlings-Seidenbiene). Die Weibchen der Schenkelbienen *(Macropis)* machen eine Ausnahme innerhalb der mitteleuropäischen Wildbienenarten, da sie anstelle von Nektar, fettes Öl aus den Blüten von Gilbweiderich-Arten *(Lysimachia)* sammeln, welches sie mit dem Pollen vermengen und als Larvenbrot in den Brutzellen deponieren.

Alle adulten Bienen ernähren sich vegetarisch von Nektar – das ist ihr «Flugbenzin». Trifft man ein Tier beim Nektartrinken in einer Blüte an, lässt sich daraus nicht auf eine Spezialisierung schließen, denn Nektarquellen sind in gewissem Grad austauschbar. Oft jedoch trinken die Weibchen spezialisierter Arten, aus ökonomischen Gründen, den Nektar für ihre Energieversorgung ebenfalls an den Pollenfutterpflanzen. Für die Männchen gilt das gleiche, denn dann sind sie sofort zur Stelle, um sich mit den Weibchen zu paaren.

Nektar ist keine reine Zuckerlösung, sondern enthält neben Saccharose, Glukose und Fruktose in kleinen Mengen u. a. Aminosäuren, organische Säuren, Mineralsalze, Vitamine, Enzyme und Duftstoffe. Die Mischung ist von Pflanzenart zu Pflanzenart unterschiedlich. Die Zuckerkonzentration im Nektar ist abhängig vom Bestäuber. Im Nektar der durch Vögel bestäubten Kaiserkrone *(Fritillaria imperialis)* ist der Zuckergehalt mit nur ca. 8 % relativ gering, da Vögel ihren Durst über Nektar stillen. Nektar von Bienenblumen hat meistens einen hohen Zuckergehalt, im Durchschnitt um die 35 %, der sogar wie beim Dost *(Origanum vulgare)* bis zu 76 % (!) erreichen kann. Pflanzen produzieren Nektar nicht kontinuierlich, sondern haben eine eigene Rhythmik, auf die sich die Bienen bei ihren Sammelflügen einstellen.

Manche Pflanzenarten produzieren gar keinen Nektar und sind somit reine Pollenblumen (z. B. Hauhechel, Johanniskraut, Klatsch-Mohn, Schöllkraut). Hier sind die Weibchen gezwungen, weitere Pflanzenarten zum Nektartrinken aufzusuchen.

Mit einem vielfältigen, kontinuierlichen Blütenpflanzenangebot, vom Frühjahr bis in den Herbst, das an die Bedürfnisse der unterschiedlichen Wildbienenarten angepasst ist, kann man Wildbienen unterstützen. Es sollte keine Blühlücken geben.

Wildbienen haben sich im Laufe der Evolution an heimische Wildpflanzen angepasst, daher sind Wildpflanzen die beste Futterquelle für Wildbienen. Anstelle von exotischen Gartensorten und solchen mit gefüllten Blüten, die weder Pollen noch Nektar bieten, sind heimische Stauden und Sträucher nachhaltiger und in jedem Fall für Wildbienen die bessere Wahl. Statt hochgezüchteter, gefüllter Rosen, sollten Wildrosen gepflanzt werden, da sie viel robuster sind und Wildbienen meist über einen längeren Zeitraum Nahrung bieten. Verzichten Sie auf Hybridpflanzen (z. B. Hybrid-Petunien, -Dahlien, -Stiefmütterchen), diese liefern meist ebenfalls weder Nektar noch Pollen, und da sie weder Samen noch Früchte bilden können, müssen sie immer wieder neu gepflanzt werden. In den Porträts der Bienenarten finden Sie Vorschläge dafür, welche Futterpflanzen für die jeweilige Art sinnvoll sind.

Was sonst noch hilft

Keine Schottergärten bauen

In letzter Zeit sind «Schottergärten», sogenannte «Gärten des Grauens», modern geworden, in denen der Versuch unternommen wird, jedes Kräutlein durch flächendeckende Schichten aus Geröll, Schotter, Kies und/oder auch Rindenmulch im Keim zu ersticken. Doch auch diese «Gärten» machen Arbeit: Im Herbst herunterfallende Blätter müssen abgesammelt werden, wobei oft ökologisch fragwürdige Laubbläser benutzt werden. Samenanflug führt dazu, dass in den Ritzen doch noch Kräuter wachsen, die nur per Hand entfernt werden können. Manch einer greift dabei allerdings auch zur Giftspritze. Doch Pestizide haben im Garten nichts zu suchen. Leider werden sie immer noch in jedem Baumarkt an jegliche Personen, ohne Sachkunde verkauft.

In der Schweiz und auch in Baden-Württemberg haben einige Kommunen Schottergärten inzwischen verboten, und auch in Bayern dürfen Kommunen ein Verbot aussprechen. Derartige «Gärten» sind ökologisch wertlos, sie bieten weder Wildbienen noch anderen Tieren Lebensraum oder Nahrung, auch heizen sich die versiegelten Flächen im Sommer stark auf.

Abb. 29: In diesen «Gärten des Grauens» sind viele Flächen versiegelt und daher ökologisch tot. Mit Pflaster, Schotter, Kies und Rindenmulch sind derartige Flächen für Wildbienen völlig ungeeignet.

Keine Honigbienen halten

Die Imkervereine haben in den letzten Jahren einen enormen Zulauf erhalten, weil viele Menschen meinen, sie könnten Bienen helfen, indem sie Imker werden. Doch hier wird wieder einmal Biene mit Honigbiene gleichgesetzt. Honigbienen brauchen keine Hilfe, sie sind Haustiere des Menschen und es gibt schon zu viele. Nach Rind und Schwein ist die Honigbiene weltweit das drittwichtigste Haustier. Und der Trend zum Imkern hält weiter an, denn Imkern ist modern geworden. Nachdem dieses Hobby Jahrzehnte ein verstaubtes Image hatte, ist es inzwischen schick, sich eine eigene Bienenkiste auf den Balkon zu stellen oder gleich mehrere Honigbienenvölker im Garten zu halten. Die Honigbienendichte hat vor allem in Großstädten daher in den letzten Jahren stark zugenommen, auch weil dort meistens nicht derart viele Pestizide gespritzt werden wie auf dem Land. Start-ups vermieten Völker für Firmendächer. Ein fatales Zeichen durch mangelndes Fachwissen wird auch dadurch gesetzt, dass Verlage, Einkaufszentren, Energiekonzerne, Banken und andere Firmen z. B. damit werben, dass sie «ein Zeichen für den Artenschutz» setzen würden, indem sie Honigbienenvölker auf die Dächer ihrer Firmenzentralen stellen und, dass Biodiversität «eine Säule der Nachhaltigkeitsstrategie» sei, weil für das Haustier Honigbiene «neuer Lebensraum geschaffen wird». Man kann derartige Vorgehensweisen nur als Greenwashing bezeichnen, denn Biodiversität wird durch zusätzliche Honigbienenvölker nicht gefördert, eher ist das Gegenteil der Fall.

Honigbienen fliegen meist in einem Radius von 3 km, um Nektar oder Blütenstaub zu sammeln. Wenn sich für sie lohnende Trachtquellen auftun, können es sogar bis zu 10 km sein. Wildbienen dagegen haben eine deutlich geringere Flugdistanz zwischen Nest und Futterquellen. Für sie müssen die Nahrungspflanzen in erreichbarer Nähe zum Nest wachsen. Werden diese von Honigbienen ausgebeutet, bleibt nur noch wenig für die Wildbienen übrig. Daher die Forderung, Honigbienenvölker mindestens mit einem Abstand von drei Kilometern zu Naturschutzgebieten aufzustellen.

Weniger Fleisch essen

Was fressen unsere Nutztiere? Futter, welches in großen Monokulturen angebaut wird, und diese werden mit Pestiziden gespritzt. Daher führt Fleischkonsum zur Zunahme des Insektensterbens.

Wildbienen-Artenporträts

Weiden-Sandbiene, Auen-Sandbiene

Andrena vaga Panzer 1799

Name: Lat. *vaga* bedeutet umherschweifend, wandernd, und weist auf die Beweglichkeit dieser Art hin, sich an wechselnde Lebensraumbedingungen anzupassen. *Auen*-Sandbiene nach ihrem bevorzugten Lebensraum, *Weiden*-Sandbiene nach der Quelle ihres Larvenfutters.

Erkennungsmerkmale: Auffällige schwarz-weißlichgraue Frühlingsbiene.

♀: 13–15 mm; **Körperfarbe schwarz**, **Körperbehaarung weißgrau**, Gesicht braun-grau behaart, Beinbehaarung schwarz. **Hinterleib glänzend schwarz** ohne Haarbinden, Endfranse schwarz.

Ein Weibchen der Weiden-Sandbiene beladen mit Weidenpollen ist gelandet und läuft zu ihrem Nest.

♂: 11–14 mm; schlank, Thorax grauweiß behaart, ebenso das Gesichtsschild (Clypeus). **Oberkiefer lang, säbelartig**. Hinterleib nur spärlich behaart, keine Haarbinden. Beine: Femora weiß, **Tibia und Tarsen gelbbraun behaart**.

Ähnliche Arten: *Andrena cineraria*, aber die Weibchen dieser Art haben eine schwarze Querbinde auf dem Rücken (Thorax) und einen blau-metallisch schimmernden Hinterleib (Abdomen). Ihre Männchen haben dunkle Beine. Wo die eine Art gute Bedingungen vorfindet, kommt auch oft die andere Art vor.

Nistweise und Habitat: Solitär; die Weibchen besiedeln bevorzugt ebene, aber auch steile Flächen in offenen, lockeren Sandböden, ursprünglich längs von Flussauen. Wo diese fehlen, nisten sie

Phänologie: ♂ Mitte Februar bis Ende April; ♀ Ende Februar bis Mitte Mai; während der Weidenblüte

auch in Kiesgruben, an Wegen, Dämmen, Binnendünen oder Böschungen, auch in Gärten und lehmhaltigen Substraten. Dort, wo die Weiden-Sandbiene nistet, finden oft auch die Frühlings-Seidenbienen *(Colletes cunicularius)* sowie weitere Bodenbrüter gute Nistmöglichkeiten.

Jedes Weibchen gräbt ihr eigenes Nest, jedoch nisten sie an geeigneten Orten oft in größeren Aggregationen beieinander. Von einem bis zu 60 cm tiefen Hauptgang werden Seitengänge gegraben, an deren Ende sich die Brutzellen befinden, pro Nest zwischen 4–10. Der Nestaushub wird als kleiner bis zu 5 cm hoher Hügel um den Eingang herum abgeladen. Der Eingang zur Neströhre liegt oft etwas versetzt in dem Sandhaufen. Verlässt das Weibchen das Nest, um auf einen Sammelflug zu gehen, verschließt es den Nesteingang mit Sand (im Gegensatz zu *Colletes cunicularius*).

Kuckuck: Rothaarige Wespenbiene *(Nomada lathburiana)*. Die Weibchen des Fächerflüglers *Stylops melittae* leben parasitisch u. a. bei *Andrena vaga*. Sie leben als Innenparasiten und ernähren sich von der Hämolymphe des Wirts. Nach mehreren Häutungen bohrt sich das Weibchen in den Verbindungshäuten zwischen der 4. und 5. (seltener 3. und 4.) Hinterleibsplatte der Bienen fest. Anders als die Weibchen schlüpfen die geflügelten Männchen aus der Puppenhaut. Sie haben eine sehr kurze Lebensdauer von unter fünf Stunden. In dieser Zeit begatten sie die Weibchen, indem sie die Bauchseite des Weibchens durchstoßen und die Spermien in die Bauchhöhle entlassen, in der die Eier deponiert sind. Die Weibchen gebären nach rund einem Monat die Primarlarven, die auf Blüten entlassen werden. Dort ist die Wahrscheinlichkeit hoch, auf ein anderes Bienenweibchen zu treffen und von

Ein stylopisiertes Männchen der Weiden-Sandbiene.

In der Frontalansicht fallen die langen Mandibeln und die weiße Bartbehaarung des Männchens von *Andrena vaga* auf.

Zwischen dem 3. und 4. Hinterleibssegment hat sich ein Weibchen von *Stylops melittae* durch die Häute des *Andrena-vaga*-Männchens gebohrt und wartet auf ein geflügeltes Männchen, um sich zu paaren.

diesem in ihr Nest getragen zu werden. Hier befällt die Primarlarve eine Bienenlarve, ernährt sich von dieser, häutet sich mehrmals und setzt sich am Ende im Hinterleib einer adulten Wirtsbiene fest, wo sie die Verbindungshäute der Tergite durchstößt und sich verpuppt. Stylopisierte Bienen fliegen bereits vor den nicht parasitierten Individuen, also oft schon Ende Februar. Sie sind steril und können ein abweichendes Verhalten sowie eine veränderte Morphologie aufweisen (z. B. einen kürzeren Kopf, breiteren Körper, Abweichungen der Behaarung). Parasitierte Männchen verweiblichen und parasitierte Weibchen vermännlichen.

Verbreitung: In Europa zwischen 41° und 66° nördl. Breite.

Wissenswertes: Die Weiden-Sandbiene ist eine der ersten Frühlingsbienenarten. Die Männchen erscheinen vor den Weibchen (protandrisch) und fliegen zu Hunderten hektisch über die Nistplätze, um den Schlupf der Weibchen abzupassen, denn Weibchen paaren sich nur mit einem Männchen.

Was man tun kann: Wichtig ist der Erhalt von Weidenbeständen bzw. das Anpflanzen von Weiden in der Nähe potenzieller Nistplätze. Offene, sandige Stellen erhalten bzw. schaffen. Sofern es keine gibt, aber Weidenbestände vorhanden sind, können Sandinseln («Sandbeete») angelegt werden. Hierzu an einer sonnigen Stelle Sand bzw. lehmigen Sand zu einem kleinen Hügel aufschichten. Da die Nester bis zu 60 cm tief gegraben werden können, sollte das Substrat entsprechend tief bzw. der Hügel entsprechend hoch sein. Zur Umgebung kann es mit Steinen eingefasst werden, damit der Sand nicht bei starkem Regen abgetragen wird. Damit der Hügel nicht durch Samenanflug mit der Zeit zuwächst, bei Bedarf die darin gekeimten Pflanzen entfernen.

Futterpflanzen: Streng oligolektisch, Weiden-Spezialist (*Salix*-Arten, Salicaceae, Weidengewächse). Einige Weiden-Arten blühen bereits früh im Jahr, manche noch bevor sie die Blätter entfalten. Weiden sind zweihäusig, was bedeutet, dass es rein männliche und rein weibliche Individuen gibt. Die männlichen Blüten stehen in zu Kätzchen zusammengefassten Blütenständen und enthalten ausschließlich Staubbeutelblüten. In ihnen wird der Pollen gebildet, den die Weibchen der Weiden-Sandbiene sammeln, um ihre Brutzellen zu verproviantieren. Während die männlichen Blütenstände oft durch den Pollen farbig gelb sind, sind die weiblichen Blütenkätzchen unscheinbar grün. Sowohl die männlichen als auch die weiblichen Kätzchen bilden Nektar, den die Bienen für die eigene Energieversorgung brauchen.

Es gibt weltweit etwa 450 verschiedene Weidenarten, davon etwa 50 in Mitteleuropa. Da Arten miteinander hybridisieren, ist eine genaue Bestimmung oft schwierig. Bestimmungsschlüssel haben in der Regel drei verschiedene Schlüssel: je einen für blühende männliche und blühende weibliche Pflanzen sowie – sofern keine Blüte erkennbar ist – nach den Blättern.

Heimische Arten sollten bevorzugt gepflanzt werden, z. B.: Silber-Weide *(Salix alba)*, Ohr-Weide *(Salix aurita)*, Sal-Weide *(Salix caprea)*, Grau-Weide *(Salix cinerea)*, Lavendel-Weide *(Salix eleagnos)*, Bruch-Weide *(Salix fragilis)*, Lorbeer-Weide *(Salix pentandra)*, Purpur-Weide *(Salix purpurea)*, Mandel-Weide *(Salix triandra)*, Korb-Weide *(Salix viminalis)*.

Sal-Weide *(Salix caprea)*, männliche Pflanze mit Staubbeutel tragenden Kätzchen.

Sal-Weide *(Salix caprea)*, weibliche Pflanze mit Stempel tragenden Kätzchen.

Silber-Weide *(Salix alba)*, männliche Pflanze mit Staubbeutel tragenden Kätzchen.

Purpur-Weide *(Salix purpurea)*, männliche Pflanze mit auffallend roten Staubbeuteln.

Zweifarbige Sandbiene

Andrena bicolor Fabricius 1775

Name: Lat. *bi* bedeutet zwei, *color* Farbe, bezieht sich auf die beiden Farben des Haarkleides.

Erkennungsmerkmale: Kontrastreiche schwarz-orange behaarte Sandbiene.

♀: 9–11 mm; Körperfarbe schwarzbraun. **Kopf schwarz behaart**, **Thoraxoberseite** lang **orangebraun**, Seiten oft schwarz behaart. Die ersten Tergite mit gelblich braunen Endbinden; **Endfranse schwarz**. Vorderbeine dunkel, Schienen der Hinterbeine mit auffällig **orangebrauner Scopa**. Haarlocke an der Unterseite der Hinterschenkel braungrau.

Andrena bicolor, Weibchen der 1. Generation.

♂: 9–10 mm; Körperfarbe schwarzbraun. Behaarung der 1. Generation: Kopf und Thoraxseiten **struppig schwarz** behaart; 2. Generation **eher bräunlich.** Thoraxoberseite schütter bräunlich gelb behaart. Tergite braun, schmale **Endbinden lang braungelb** behaart. In den Alpen sollen weißbehaarte Formen vorkommen, bei denen nur das Gesichtsschild eine schwarze Behaarung aufweist.

Ähnliche Arten: Große farbliche Variabilität der Behaarung zwischen den Tieren der beiden Generationen, jedoch an den schwarz behaarten Brustseiten erkennbar; dann nur mit *Andrena clarkella* zu verwechseln, die aber deutlich größer ist (12–14 mm).

Nistweise und Habitat: Solitär; an vegetationsarmen, aber auch stärker bewachsenen Stellen wer-

Phänologie: Bivoltin; 1. Generation: ♂ und ♀ März bis Ende Mai; 2. Generation (in tiefen Lagen): ♂ Juni bis Juli; ♀ Juni bis Ende August

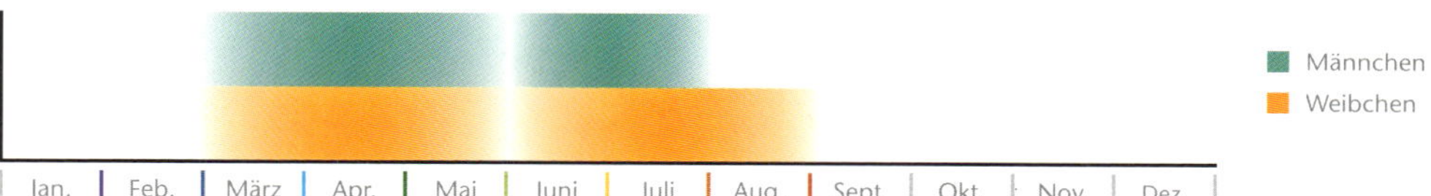

den die Nester im Erdboden bis über einen Meter Tiefe gegraben. Keine Präferenz für Böden oder Standorte.

Kuckuck: Wespenbiene *(Nomada fabriciana).*

Verbreitung: Von Nordeuropa bis Nordafrika flächendeckend, östlich bis Türkei; im Gebirge bis über 2000 m Höhe.

Wissenswertes: Die Sand- oder Erdbienen der Gattung *Andrena* gehören zu den über 75 % im Boden nistenden Wildbienenarten. Wie alle Sandbienen gehört auch die Zweifarbige Sandbiene zu den Beinsammlern. Als Transporteinrichtung besitzen die Weibchen an den Hinterbeinen jeweils an Schienen und Fersen eine Haarbürste sowie ein Körbchen, welches aus einer langen Haarlocke (Flocculus) gebildet wird, die am Schenkelring (Trochanter) entspringt. Auch die Körperseiten des Mittelsegmentes sind in den Pollentransport mit eingebunden.

Was man tun kann: Ein kontinuierliches Futterangebot während der gesamten Flugzeit hilft dieser Art. Die zweite Generation besucht mit Vorliebe Glockenblumen, daher können diese großzügig gepflanzt werden.

Andrena bicolor, Männchen der 1. Generation.

Andrena bicolor, Weibchen der 2. Generation.

Andrena bicolor, Männchen der 2. Generation.

Futterpflanzen: Polylektisch; die Art nutzt viele verschiedene Pollenquellen, u. a.:
Asparagaceae (Spargelgewächse): Dolden-Milchstern *(Ornithogalum umbellatum);*
Asteraceae (Korbblütler): Wiesen-Schafgarbe *(Achillea millefolium)*, Wiesen-Flockenblume *(Centaurea jacea)*, Gewöhnliche Kratzdistel *(Cirsium vulgare)*, Wiesen-Margerite *(Leucanthemum ircutianum)*, Rainfarn *(Tanacetum vulgare)*, Gewöhnlicher Löwenzahn *(Taraxacum officinale)*, Huflattich *(Tussilago farfara);*
Campanulaceae (Glockenblumengewächse): Knäuel-Glockenblume *(Campanula glomerata)*, Pfirsichblättrige Glockenblume *(Campanula persicifolia)*, Hängepolster-Glockenblume *(Campanula poscharskyana)*, Rapunzel-Glockenblume *(Campanula rapunculus)*, Nesselblättrige Glockenblume *(Campanula trachelium)*, Berg-Sandglöckchen *(Jasione montana);*
Hypericaceae (Hartheugewächse): Tüpfel-Johanniskraut *(Hypericum perforatum);*
Geraniaceae (Storchschnabelgewächse): Ruprechtskraut *(Geranium robertianum);*
Iridaceae (Schwertliliengewächse): Dalmatiner Krokus *(Crocus tommasinianus);*
Plantaginaceae (Wegerichgewächse): Gamander-Ehrenpreis *(Veronica chamaedrys);*
Primulaceae (Primelgewächse): Schaftlose Schlüsselblume *(Primula vulgaris);*
Ranunculaceae (Hahnenfußgewächse): Knöllchen-Scharbockskraut *(Ficaria verna)*, Scharfer Hahnenfuß *(Ranunculus acris);*
Rosaceae (Rosengewächse): Aufrechtes Fingerkraut *(Potentilla erecta)*, Schlehe *(Prunus spinosa)*, Hunds-Rose *(Rosa canina)*, Echte Brombeere *(Rubus fruticosus);*
Solanaceae (Nachtschattengewächse): Echte Tollkirsche *(Atropa belladonna).*

Echte Tollkirsche *(Atropa belladonna)*

Hängepolster-Glockenblume *(Campanula poscharskyana)*

Dalmatiner Krokus *(Crocus tommasinianus)*

Wiesen-Margerite *(Leucanthemum ircutianum)*

Ruprechtskraut *(Geranium robertianum)*

Gamander-Ehrenpreis *(Veronica chamaedrys)*

Aschgraue Sandbiene

Andrena cineraria Linnaeus 1758

Name: Lat. *cinereus* bedeutet aschgrau und bezieht sich auf die Färbung des Haarkleides.

Erkennungsmerkmale: Auffällig schwarz-grau-weiß kontrastierte Biene.

♀: 13–15 mm; die Grundfarbe ist schwarz. **Brustabschnitt zwischen den Flügelansätzen schwarz behaart**, von einem **dichten pelzigen, grauen Haarkranz** umgeben. Der **schwarze, unbehaarte, glänzende Hinterleib** trägt einen auffälligen **metallisch-blauen Schimmer**, dadurch eindeutig erkennbar. Endfranse auf dem letzten Hinterleibssegment spärlich schwarz behaart. Nur die Schenkel der Vorderbeine sind weiß, im Übrigen komplett schwarz behaart. Flügel randlich etwas dunkler.

Andrena cineraria, Weibchen Pollen sammelnd an der Sumpf-Scheinnelke *(Helonias bullata)*. Man beachte die auffallend schwarze Binde quer über dem Thorax.

♂: 10–13 mm; Gesicht und Thorax reichlich **lang, weiß behaart**; nur die Beine, die letzten Tergite und das Gesicht längs des Augeninnenrandes und an den Seiten sind schwarz behaart.

Ähnliche Arten: Mit *Andrena vaga* zu verwechseln, die jedoch bereits früher im Jahr erscheint und streng auf Weiden spezialisiert ist. Der Thorax von *Andrena-vaga*-Weibchen ist vollständig weißgrau behaart, es fehlt das schwarze Band auf Höhe der Flügelansätze. Die Mandibeln der *Andrena-vaga*-Männchen sind viel länger.

Phänologie: ♂ Mitte März bis Anfang Mai; ♀ Ende März/Anfang April bis Ende Mai

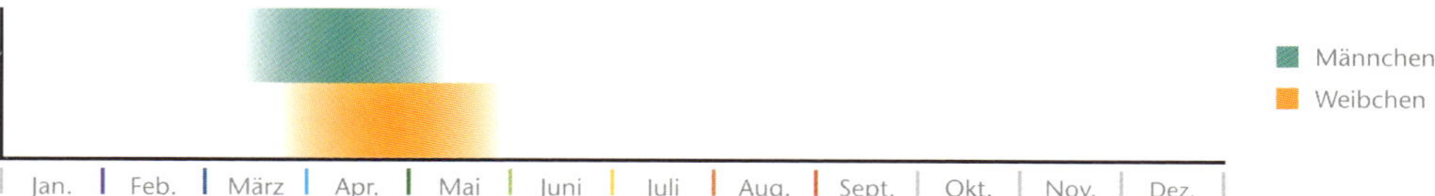

Nistweise und Habitat: Solitär; die Weibchen graben eigene Nester in lockeren sandigen oder lehmhaltigen Boden bis maximal 25 cm tief. An vegetationsfreien oder -armen Standorten können größere Ansiedlungen entstehen. Die Art kommt sowohl in Sand- und Kiesgruben, Uferböschungen, extensiv genutzten Weiden, Wiesen, Hecken und an Waldrändern vor als auch in Gärten und Parks. Bevorzugt werden geneigte Stellen wie Abbruchkanten. Während der Sammelflüge bleiben die Nesteingänge geöffnet. Dadurch können die Kuckucksbienen leicht in die Nester eindringen. Abends, bei Störungen und während Schlechtwetterperioden werden die Nesteingänge verschlossen. Überwinterung als fertig ausgebildete Biene.

Kuckuck: Wespenbienen (*Nomada lathburiana* und *Nomada goodeniana*).

Verbreitung: Die noch recht häufige Bienenart ist in ganz Europa in passenden Lebensräumen verbreitet.

Wissenswertes: Die Gattung *Andrena* ist weltweit mit über 1500 Arten verbreitet, in Deutschland sind 112 Arten nachgewiesen, in der Schweiz 113 und in Österreich 137 Arten (im deutschsprachigen Raum insgesamt 148 Arten).

Was man tun kann: Offene, locker-sandige Stellen erhalten bzw. schaffen. «Unordnung» in Gärten zulassen. Eine hohe Blütenpflanzendiversität ist förderlich, ebenso wie ein kontinuierliches Nahrungsangebot während der gesamten Flugzeit, möglichst in Nistplatznähe.

Andrena cineraria, Männchen beim Abflug aus einer Schlehenblüte *(Prunus spinosa)*.

Andrena cineraria, Weibchen Pollen sammelnd am Nördlichen Meerkohl *(Crambe maritima)*. Man beachte den blauen Schimmer auf dem Hinterleib.

Andrena cineraria, Weibchen Pollen sammelnd und Flügel schlagend am Nördlichen Meerkohl *(Crambe maritima)*.

Andrena cineraria, Weibchen Nektar trinkend am Gewöhnlichen Löwenzahn *(Taraxacum officinale)*.

Futterpflanzen: Polylektisch; die Weibchen nutzen ein breites Nahrungsangebot. Sogar exotische Arten werden nicht verschmäht.

Asteraceae (Korbblütler): Löwenzahn *(Taraxacum officinale)*;

Brassicaceae (Kreuzblütler): Morgenländisches Zackenschötchen *(Bunias orientalis)*, Wiesen-Schaumkraut *(Cardamine pratensis)*, Nördlicher Meerkohl *(Crambe maritima)*, Goldlack *(Erysimum cheiri)*, Raps *(Brassica napus)*, Acker-Senf *(Sinapis arvensis)*;

Melianthaceae (Germergewächse): Sumpf-Scheinnelke *(Helonias bullata)*;

Ranunculaceae (Hahnenfußgewächse): Scharfer Hahnenfuß *(Ranunculus acris)*;

Rosaceae (Rosengewächse): Schlehe *(Prunus spinosa)*, Hunds-Rose *(Rosa canina)*;

Caryophyllaceae (Nelkengewächse): Große Sternmiere *(Stellaria holostea)*;

Weibchen der Rothaarigen Wespenbiene *(Nomada lathburiana)*, die als Kuckucksbiene ihre Eier in die Nester der Weiden- und anderer Sandbienen einschmuggelt.

Salicaceae (Weidengewächse): Ohr-Weide *(Salix aurita)*, Sal-Weide *(Salix caprea)*, Purpur-Weide *(Salix purpurea)*.

Morgenländisches Zackenschötchen *(Bunias orientalis)*

Wiesen-Schaumkraut *(Cardamine pratensis)*

Nördlicher Meerkohl *(Crambe maritima)*

Goldlack *(Erysimum cheiri)*

Sumpf-Scheinnelke *(Helonias bullata)*

Große Sternmiere *(Stellaria holostea)*

Gemeine Sandbiene

Andrena flavipes Panzer 1799

Name: Lat. *flavus* bedeutet gelb, *pes* Fuß, bezieht sich auf die goldgelbe Schienenbürste der Hinterbeine. *Gemeine* Sandbiene, weil sie die häufigste Art ist.

Erkennungsmerkmale: Sandbiene mit auffallend hellbeigen Tergitbinden.

♀: 11–13 mm; Körperfarbe schwarz; Gesicht und Thorax lang bräunlich behaart. **Tergite 2–4** mit **beigefarbenen, breiten Endbinden**. **Endfranse schwarz**. Auffällig **goldgelb gefärbte Scopa** an den Hinterbeinen.

♂: 9–11 mm; Körperfarbe schwarz; **Behaarung lang, bräunlich**, später vergreisend; Kopf oben und seitlich sowie die Thoraxoberseite und die Tergitscheiben 4–5 mit schwarzen Haaren. Tergite 2–5 mit gelblichen, breiten Endbinden.

Ähnliche Arten: Die Weibchen können mit der Honigbiene verwechselt werden. Die Endbinden der Tergite treten jedoch bei der Gemeinen Sandbiene deutlicher hervor. Die Weibchen der viel selteneren Frühjahrsbiene *Andrena gravida* besitzt eine auffällige weiße Behaarung im Gesicht und an den Seiten des Brustabschnitts. Auch sind bei ihr die Tergitbinden weiß und breiter, und ihre Flugzeit ist Ende Mai bereits vorbei. Die Männchen beider Arten sind am Habitus nicht unterscheidbar.

An diesem Weibchen von *Andrena flavipes* sind die Endbinden und die Scopa am Hinterbein gut zu sehen.

Phänologie: Bivoltin; 1. Generation: ♂ Ende März bis Mitte/Ende April; ♀ Anfang April bis Ende Mai; 2. Generation: ♂ und ♀ Juni bis Anfang September.

Nistweise und Habitat: An vegetationsarmen, aber auch stärker bewachsenen Stellen werden die Nester in sandige oder lehmige Böden in bis zu 20 cm Tiefe gegraben. Pro Nest werden 2–3 Brutzellen angelegt. An geeigneten Stellen findet man große Ansammlungen von oft hunderten Nestern nah beieinander, jedoch versorgt jedes Weibchen die eigenen Brutzellen allein, sie sind also solitär. Tagsüber bleiben die Nester offen, nachts und bei Regen werden sie verschlossen. Diese Art besiedelt viele unterschiedliche Lebensräume. An Wald- und Feldrändern, in Sand- oder Kiesgruben, auf Brachland, Mager- und Halbtrockenrasen, Ruderalfluren, an Wegrändern und Straßenböschungen, in Gärten und Parks trifft man sie an.

Kuckuck: Wespenbiene *(Nomada fucata).*

Verbreitung: Ganz Europa, im Gebirge bis 1900 m Höhe.

Wissenswertes: Wie bei den meisten Bienenarten verschleißen die Haare mit dem Alter, sodass die Tiere am Ende ihrer Lebensspanne oft auf Thorax und Abdomen fast kahl sein können. Dies erschwert die Bestimmung.

Was man tun kann: Schüttere Rasenflächen zulassen und weder umgraben, düngen noch Pflanzenschutzmittel verwenden. Ein vielfältiges Futterpflanzenangebot während der recht langen Flugzeit hilft dieser Wildbienenart.

Männchen von *Andrena flavipes* Nektar trinkend an der Gewöhnlichen Kratzdistel *(Cirsium vulgare).*

Andrena flavipes, Weibchen am Echten Steinklee *(Melilotus officinalis)*.

Die Behaarung dieses Weibchens und die Scopa am Hinterbein sind bereits stark aufgehellt und zeigen u. a. das Alter des Weibchens an.

Futterpflanzen: Polylektisch; die Art ist hinsichtlich der Pollenquellen für die Nachkommen nicht wählerisch, sie nutzt verschiedene Pollenquellen, z. B.:
Apiaceae (Doldenblütler): Wiesen-Kerbel *(Anthriscus sylvestris);*
Asparagaceae (Spargelgewächse): Dolden-Milchstern *(Ornithogalum umbellatum);*
Asteraceae (Korbblütler): Wiesen-Schafgarbe *(Achillea millefolium)*, Wiesen-Flockenblume *(Centaurea jacea)*, Gewöhnliche Perücken-Flockenblume *(Centaurea pseudophrygia)*, Gewöhnliche Kratzdistel *(Cirsium vulgare)*, Wiesen-Margerite *(Leucanthemum ircutianum)*, Rainfarn *(Tanacetum vulgare)*, Gewöhnlicher Löwenzahn *(Taraxacum officinale);*
Brassicaceae (Kreuzblütler): Knoblauchsrauke *(Alliaria petiolata)*, Garten-Blaukissen (*Aubrieta* x *cultorum*), Echtes Felsensteinkraut *(Aurinia saxatilis)*, Gewöhnliche Graukresse *(Berteroa incana)*, Raps *(Brassica napus)*, Senfrauke *(Eruca sativa)*, Acker-Senf *(Sinapis arvensis)*, Weg-Rauke *(Sisymbrium officinale);*

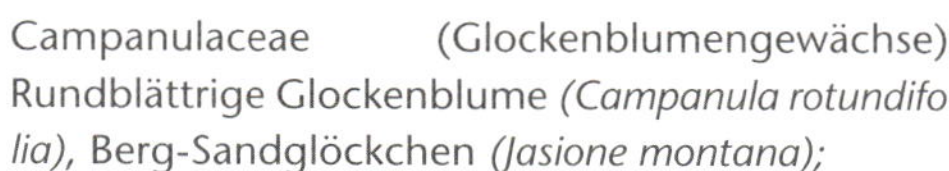

Campanulaceae (Glockenblumengewächse): Rundblättrige Glockenblume *(Campanula rotundifolia)*, Berg-Sandglöckchen *(Jasione montana);*
Fabaceae (Schmetterlingsblütler): Gewöhnlicher Hornklee *(Lotus corniculatus)*, Weißer Steinklee *(Melilotus albus)*, Wiesen-Klee *(Trifolium pratense);*
Hypericaceae (Hartheugewächse): Tüpfel-Johanniskraut *(Hypericum perforatum);*
Lamiaceae (Lippenblütler): Gewöhnlicher Gundermann *(Glechoma hederacea)*, Gefleckte Taubnessel *(Lamium maculatum);*
Ranunculaceae (Hahnenfußgewächse): Knöllchen-Scharbockskraut *(Ficaria verna)*, Kriechender Hahnenfuß *(Ranunculus repens);*
Rosaceae (Rosengewächse): Frühlings-Fingerkraut *(Potentilla verna)*, Schlehe *(Prunus spinosa)*, Garten-Birnbaum *(Pyrus communis)*, Echte Brombeere *(Rubus fruticosus);*
Sapindaceae (Seifenbaumgewächse): Feld-Ahorn *(Acer campestre)*, Berg-Ahorn *(Acer pseudoplatanus).*

Garten-Blaukissen (*Aubrieta* x *cultorum*)

Gewöhnliche Perücken-Flockenblume *(Centaurea pseudophrygia)*

Berg-Sandglöckchen *(Jasione montana)*

Gefleckte Taubnessel *(Lamium maculatum)*

Fuchsrote Sandbiene

Andrena fulva Müller 1766

Name: Lat. *fulvus* bedeutet rotgelb, braungelb, bräunlich und bezieht sich auf die Färbung des Haarpelzes.

Erkennungsmerkmale: Auffällige, **hummelartige, fuchsrot pelzig behaarte** Frühjahrsbiene.

♀: 12–14 mm; Körperoberseite (Thorax und Abdomen) **lang fuchsrot behaart;** die Körperunterseite, die Beine, der Kopf und die **Endfranse schwarz** behaart.

♂: 9–12(–13) mm; fuchsrot behaart, 1. und 2. Abdominalsegment lang und abstehend, die restlichen Segmente kürzer behaart. **Gesicht oben schwarz, unten weiß behaart. Mandibeln lang,** Oberkiefer an der Basis mit deutlichem Zahn (ohne Hilfsmittel nicht erkennbar).

Andrena fulva, Weibchen mit auffallend kontrastreicher Behaarung: orange Körperoberseite und schwarze Unterseite.

Ähnliche Arten: Die Weibchen sind mit keiner anderen Art zu verwechseln. Die Männchen ähneln jedoch der Rotfransigen Sandbiene *(Andrena haemorrhoa)*, diese besitzt aber keinen Zahn an der Basis der Mandibeln.

Nistweise und Habitat: Solitär; die Weibchen graben eigene Erdnester bis über 50 cm tief an vegetationsarmen Stellen in lehmige Sandböden sonniger bis halbschattiger Standorte. Sie nisten auch gesellig und sind an Wegen, in Gärten und Parks, lichten Wäldern und an Waldrändern anzutreffen.

Phänologie: ♂ Anfang/Mitte März bis Ende April; ♀ Mitte April bis Ende Mai

Kuckuck: Wespenbienen *(Nomada panzeri, N. signata).*

Verbreitung: In ganz Europa weit verbreitet, im Norden bis Südskandinavien, nach Osten bis zum Balkan.

Wissenswertes: Sandbienen (außer *A. lagopus*, die Zweizellige Sandbiene) besitzen drei Cubitalzellen im Vorderflügel, von denen die erste die größte, die mittlere die kleinste ist. Der Basalnerv ist gerade oder nur sehr schwach gebogen. Auf Makrofotos ist dies zu erkennen. Die Fuchsrote Sandbiene ist ein sehr wichtiger Bestäuber von Obststräuchern, wie Johannisbeeren und Stachelbeeren, denn sie fliegt auch bereits dann, wenn es für Honigbienen noch zu ungemütlich kalt ist.

Was man tun kann: Wer die unten stehenden Obstgehölze anpflanzt, liefert nicht nur dieser hübschen Wildbiene Futter, sondern man profitiert auch ganz konkret selbst davon, da die Früchte vom Strauch genascht und zu Marmelade verarbeitet werden können. Auch können sie für Vögel stehen gelassen werden. Um langfristig ein gutes Nistplatzangebot zu bieten, sollte man den Garten lieber naturnah gestalten und Wildwuchs zulassen – das macht auch weniger Arbeit! Gärten nicht permanent umgraben, hacken und neugestalten, sonst zerstört man die Nester. Im Rasen auch mal lückige Stellen zulassen,

Andrena fulva, Weibchen Nektar trinkend an der Blutroten Johannisbeere *(Ribes sanguinea).*

Andrena fulva, Weibchen.

Die Kuckucksb ene *Nomada signata* wartet darauf, dass ein Weibchen der Fuchsroten Sandbiene ihr Nest verlässt.

Andrena fulva, Weibchen beim Verlassen ihres Nestes.

denn englischer Golf-Rasen ist leider «bienentot», ebenso wie die «Gärten des Grauens», in denen sämtlicher Boden mit scharfkantigem Schotter, Steinen oder Kies tot-bedeckt ist. Derartige ökologisch zwecklose, triste Steinwüsten gelten derzeit als modern und pflegeleicht, da sie scheinbar unkrautfrei sind. Doch natürlich machen auch Schotter-«gärten» Arbeit, da Laub gesammelt werden muss und sich auch Spontanvegetation in die Lücken setzt. Gartenwege sollten nicht mit Rindenmulch zugedeckt werden. Terrassenplatten mit breiten, statt mit engen Fugen legen.

Futterpflanzen: Polylektisch; die Art ist hinsichtlich der Pollenquellen nicht wählerisch, sie nutzt viele verschiedene Pollenquellen, z. B.:
Berberidaceae (Berberitzengewächse): Gewöhnliche Berberitze *(Berberis vulgaris);*
Buxaceae (Buchsbaumgewächse): Immergüner Buchsbaum (*Buxus sempervirens*; blüht, wenn man ihn nicht «in Form» schneidet!);
Ericaceae (Heidekrautgewächse): Strauch-Heidelbeere (*Vaccinium* x *atlanticum*), Heidelbeere *(Vaccinium myrtillus);*
Grossulariaceae (Stachelbeergewächse): Alpen-Johannisbeere *(Ribes alpinum)*, Rote Johannisbeere *(Ribes rubrum)*, Blutrote Johannisbeere *(Ribes sanguineum)*, Stachelbeere *(Ribes uva-crispa);*
Liliaceae (Liliengewächse): Wald-Gelbstern *(Gagea lutea);*
Rosaceae (Rosengewächse): Gewöhnliche Felsenbirne *(Amelanchier ovalis)*, Kupfer-Felsenbirne *(Amelanchier lamarckii)*, Süß-Kirsche *(Prunus avium)*, Pflaume *(Prunus domestica)*, Schlehe *(Prunus spinosa);*
Salicaceae (Weidengewächse): Weidenarten, z. B. Sal-Weide *(Salix caprea).*

Gewöhnliche Berberitze *(Berberis vulgaris)*

Wald-Gelbstern *(Gagea lutea)*

Schlehe *(Prunus spinosa)*

Rote Johannisbeere *(Ribes rubrum)*

Blutrote Johannisbeere *(Ribes sanguineum)*

Stachelbeere *(Ribes uva-crispa)*

Frühlings-Pelzbiene

Anthophora plumipes Pallas 1772

Name: Griech. *anthos* bedeutet Blüte, *phorein* Träger, Blütenträger; lat. *plumipes* bedeutet Federfuß, bezieht sich auf die pinselartige Behaarung an den Mittelbeinen der Männchen. *Frühlings*-Pelzbiene wegen ihres Erscheinens im zeitigen Frühjahr.

Erkennungsmerkmale: Pelzbienen sind gedrungen und **hummelartig, «pelzig» behaart**. Alle Pelzbienen besitzen im Vorderflügel drei, etwa gleich große Cubitalzellen.

♀: 14–15 mm; kommen in **zwei Farbvarianten** vor: gesamter Körper schwarz oder graubraun behaart. Beinsammler: **Sammelbürste** der Hinterbeine **gelborange-rostrot behaart**.

♂: 11–14 mm; Behaarung wie die weibliche graubraune Variante; **Gesichtszeichnung hellgelb**. Mittelfüße deutlich verlängert und mit **auffälligen, langen, schwarzen Haarfransen** («Federfuß»), die sie unverwechselbar machen.

Ähnliche Arten: Für den deutschsprachigen Raum sind insgesamt 20 Arten innerhalb der Gattung *Anthophora* bekannt, für Deutschland 12 Arten, für Österreich 15 und für die Schweiz 19. Bei Beachtung der frühen Flugzeit gibt es jedoch kaum Verwechslungsmöglichkeiten. Die graubraune Farbvariante der Frühlings-Pelzbiene erinnert an Acker-Hummeln, von denen sie aber durch ihre schnellen Flugmanöver leicht zu unterscheiden sind. Die sehr

Weibchen der graubraunen Farbvariante der Frühlings-Pelzbiene im Anflug auf eine Blutrote Johannisbeere. Der lange Rüssel ist bereits im Flug ausgestreckt.

Phänologie: Univoltin; vormännlich: ♂ Anfang März bis Mai; ♀ Anfang April bis Anfang Juni

seltene Streifen-Pelzbiene *(Anthophora aestivalis)* ist eine Sommerbiene, die erst ab Mai erscheint, und bei der die Weibchen durch ihren «gestreiften» Pelz unterscheidbar sind. Auch die übrigen Pelzbienenarten erscheinen erst später im Jahr, und deren Männchen besitzen keinen «Federfuß».

Nistweise und Habitat: Solitär, jedoch bei guten Bedingungen auch Ansammlungen vieler Nester möglich; allerdings ist die Art durch den Rückgang potentieller Nistplätze beeinträchtigt. Sie nistet in Steilwänden, z.B. an Flussufern, Abbruchkanten, Trockenmauern, Fachwerk, Mörtel, lehmhaltigen Böden, sofern die Stellen im Boden regengeschützt sind. Die Weibchen graben Gänge und legen darin ihre Brutzellen als kleine gemörtelte Tönnchen an. Sie werden meist nur wenige Zentimeter bis 10 cm tief im Boden angelegt und innen mit einem selbstproduzierten Sekret ausgekleidet. Das Ei wird auf den eingebrachten flüssigen Brei aus Pollen und Nektar gelegt. Die Larven schlüpfen nach wenigen Tagen und fressen den Futtervorrat auf. Bereits im selben Jahr verpuppen sie sich und wandeln sich in das erwachsene Tier um, bleiben so aber in Warteposition, bis sie im nächsten Frühjahr schlüpfen.

Kuckuck: Frühlings-Trauerbiene *(Melecta albifrons)*.

Verbreitung: Ganz Europa, meist nur bis 500 m Höhe, selten höher.

Männchen der Frühlings-Pelzbiene Nektar trinkend an Rübsen *(Brassica rapa)*. Man beachte den Federfuß am Mittelbein.

Weibchen der schwarzen Farbvariante Nektar trinkend am Echten Lungenkraut *(Pulmonaria officinalis).*

Männchen der Frühlings-Pelzbiene im Anflug auf ein Weibchen.

Ein Weibchen der Frühlings-Trauerbiene *(Melecta albifrons)* sieht im Nest der Pelzbiene nach, ob jemand zuhause ist.

Wissenswertes: Diese Bienen sind sehr schnelle und gute Flieger, die – wie Kolibris – vor den Blüten in der Luft «stehen bleiben» können. Die Männchen patrouillieren an den Futterpflanzen und markieren auch ihre Flugbahnen. Zwischendurch «tanken» sie ihr «Flugbenzin» beispielsweise gerne am Lungenkraut. Gibt es keine Frühlings-Pelzbienen, dann gibt es auch keine Trauerbienen. Diese Kuckucksbienen sind auf Gedeih und Verderb auf ihre Wirte angewiesen.

Was man tun kann: Vorhandene Nistplätze schützen, da vorjährige Nester wiederverwendet und weiter gegraben werden. Auch das Nisten in Mörtelfugen alter Mauern zulassen. Neue Nistplätze schaffen, wie regensichere Lehmwände mit Löchern im Durchmesser von 8 mm. Das Substrat muss so weich sein, dass die Weibchen selbst graben können.

Futterpflanzen: Polylektisch; aufgrund der langen Rüssel (19–21 mm) sind sie in der Lage, auch tief in der Kronröhre verborgenen Nektar auszubeuten.
Boraginaceae (Raublattgewächse): Gewöhnliche Ochsenzunge *(Anchusa officinalis)*, Lungenkräuter (z. B. *Pulmonaria angustifolia, P. obscura, P. officinalis*), Rauer Beinwell *(Symphytum asperum)*, Gewöhnlicher Beinwell *(Symphytum officinale)*;
Lamiaceae (Lippenblütler): Kriechender Günsel *(Ajuga reptans)*, Gewöhnlicher Gundermann *(Glechoma hederacea)*, Weiße Taubnessel *(Lamium album)*, Gefleckte Taubnessel *(Lamium maculatum)*, Rote Taubnessel *(Lamium purpureum)*;
Papaveraceae (Mohngewächse): Hohler Lerchensporn *(Corydalis cava)*, Gefingerter Lerchensporn *(Corydalis solida)*;
Plantaginaceae (Wegerichgewächse): Gamander-Ehrenpreis *(Veronica chamaedrys)*;
Primulaceae (Primelgewächse): Hohe od. Wald-Schlüsselblume *(Primula elatior)*, Wiesen-Schlüsselblume *(Primula veris)*.

Kriechender Günsel *(Ajuga reptans)*

Gundermann *(Glechoma hederacea)*

Weiße Taubnessel *(Lamium album)*

Hohe Schlüsselblume *(Primula elatior)*

Echtes Lungenkraut *(Pulmonaria officinalis)*

Gewöhnlicher Beinwell *(Symphytum officinale)*

Frühlings-Seidenbiene

Colletes cunicularius Linnaeus 1761

Name: Lat. *cunicularius* bedeutet *der Minierer* und bezieht sich auf das Anlegen unterirdischer Gänge beim Nestbau. *Seiden*biene, da die Weibchen ihre Brutzellen mit einem an der Luft erhärtenden und dann seidigen Sekret auskleiden.

Erkennungsmerkmale: Seidenbienen besitzen drei Cubitalzellen im Vorderflügel, von denen die erste größer ist als die etwa gleichgroße zweite und dritte.

♀: 13–15 mm; Körperfarbe schwarz, aber **Brustabschnitt dichtpelzig beige-braun behaart**, ohne breite, helle Endbinden, wie bei anderen Vertretern der Gattung *Colletes*. Abdomen am Ende zugespitzt.

Weibchen der Frühlings-Seidenbiene.

♂: 11–14 mm; Körperfarbe schwarz, Haarpelz oft etwas heller als beim Weibchen.

Ähnliche Arten: Aufgrund der **Größe** und der **frühen Flugzeit** ist die Art mit keiner anderen *Colletes*-Art zu verwechseln. Von der Größe zwar ähnlich wie die Arbeiterinnen der Honigbienen, aber der Pollentransport erfolgt bei Seidenbienen nicht mit dem Metatarsus, sondern mit den Haarbürsten der Schienen und den Körbchen an der Unterseite der Schenkel der Hinterbeine sowie den Seiten des Mittelsegmentes (Propodeum). Zudem ist die Radialzelle bei *Colletes* kürzer als bei *Apis* und am Ende schmaler.

Nistweise und Habitat: Solitär; die Weibchen graben eigene Nester in lockeren Sandboden in ausgesprochen vegetationsarmen Habitaten. Ursprüng-

Phänologie: ♂ März bis Anfang April; ♀ März bis Mai; während der Weidenblüte.

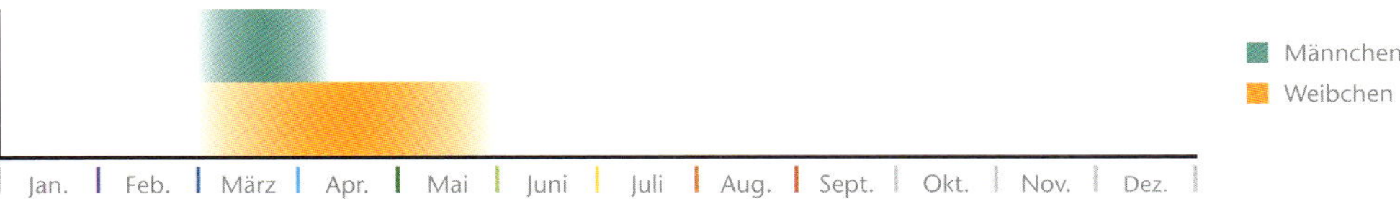

lich an Ufern längs von Flussniederungen und in Sanddünen heimisch, ist sie auch in Sand- und Kiesgruben anzutreffen, sofern die Futterpflanzen in erreichbarer Nähe wachsen. An günstigen Standorten können viele hundert Tiere in Aggregationen nisten. Bevorzugt werden ebene bis leicht geneigte Flächen besiedelt. Durch Habitatverlust, insbesondere der Binnendünen, ist die Art in Mitteleuropa gefährdet. Da diese Seidenbiene im zeitigen Frühjahr erscheint, überwintert sie nicht als Ruhelarve oder Puppe, sondern als bereits voll ausgebildetes Tier.

Kuckuck: Blutbiene *(Sphecodes albilabris)*.

Verbreitung: Europa bis nach Skandinavien, östlich bis Sibirien.

Wissenswertes: Die Gattung *Colletes* ist weltweit mit etwa 330 Arten verbreitet (Ausnahme Indien, Australien). In Europa kommen knapp 60 Arten vor, 20 Arten im deutschsprachigen Raum; in Deutschland, Österreich und der Schweiz kommen jeweils 14 Arten vor.

Was man tun kann: Offene, sandige Stellen erhalten bzw. schaffen. Erhalt von Weidenbeständen und Weiden in der Nähe potenzieller Nistplätze pflanzen, um diese gefährdete Bienenart zu fördern (siehe unter *Andrena vaga*). Im Garten sollten heimische Arten bevorzugt werden, eine Auswahl siehe unten. Keine blühenden Weidenzweige («Palmkätzchen») aus der Natur entnehmen, sonst können die Weibchen der Frühlings-Seidenbienen keine Brutzellen verproviantieren.

Männchen der Frühlings-Seidenbiene.

Paarung der Frühlings-Seidenbienen.

Frisches Männchen der Frühlings-Seidenbiene schaut aus einem Nest heraus.

Weibchen der Frühlings-Seidenbiene putzt sich.

Weibchen der Blutbiene *Sphecodes albilabris*.

Futterpflanzen: Bevorzugte Pollenquellen sind die Blüten verschiedener Weiden-Arten *(Salix)*, z. B.: Silber-Weide *(Salix alba)*, Ohr-Weide *(Salix aurita)*, Sal-Weide *(Salix caprea)*, Grau-Weide *(Salix cinerea)*, Lavendel-Weide *(Salix eleagnos)*, Bruch-Weide *(Salix fragilis)*, Lorbeer-Weide *(Salix pentandra)*, Purpur-Weide *(Salix purpurea)*, Kriech-Weide *(Salix repens)*, Mandel-Weide *(Salix triandra)*, Korb-Weide *(Salix viminalis)*.
Außerdem: Adoxaceae (Moschuskrautgewächse): Schwarzer Holunder *(Sambucus nigra)*; Fagaceae (Buchengewächse): Stiel-Eiche *(Quercus robur)*; Rosaceae (Rosengewächse): Kultur-Apfelbaum *(Malus domestica)*, Gewöhnliche Traubenkirsche *(Prunus padus)*, Eberesche *(Sorbus aucuparia)*.

Kultur-Apfelbaum *(Malus domestica)*

Gewöhnliche Traubenkirsche *(Prunus padus)*

Stiel-Eiche *(Quercus robur)*

Silber-Weide *(Salix alba)*

Schwarzer Holunder *(Sambucus nigra)*

Eberesche *(Sorbus aucuparia)*

Rostrote Mauerbiene

Osmia bicornis Linnaeus 1758

Name: *Rostrote* Mauerbiene wegen der rostroten Behaarung. *Mauer*biene, weil die Zwischenwände und Nestverschlüsse mit Lehm oder feuchter Erde gemörtelt werden. *Bi-cornis* bedeutet zwei-hörnig und verweist auf die zwei Hörnchen, die auf dem Kopfschild sitzen.

Erkennungsmerkmale: Gedrungene Biene mit abgestutztem Abdomenende.

♀: 9–11 mm; Kopf schwarz, **Kopfschild mit zwei kleinen Hörnchen**. Thorax mit strubbeliger **rost- oder fuchsroter Behaarung**, gelegentlich vorn ein paar schwarze Haare dazwischen. **Scopa** auf der Unterseite des Hinterleibs ebenfalls **rostrot** (nur zu sehen, sofern kein Pollen darin ist). Hinterleibssegmente 1–2(–3) bräunlich, die restlichen schwarz behaart.

♂: 8–10 mm; sehr ähnlich dem Weibchen, aber etwas kleiner. **Kopf,** insbesondere das **Gesicht**, und **Thorax** sind jedoch **weiß behaart**. Die **Fühler** sind **auffällig lang.**

Ähnliche Arten: *Osmia cornuta* ist etwas größer, der Thorax ist komplett schwarz behaart, alle Hinterleibssegmente sind orange behaart. Im Gegensatz zur Gattung der Blattschneiderbienen *(Megachile)*, deren Weibchen zum Pollentransport ebenfalls eine Bauchbürste aus steif nach hinten gerichteten Borstenreihen besitzen, haben die Mauerbienen zwischen den Fußkrallen einen Haftlappen.

Weibchen der Rostroten Mauerbiene. Im Gesicht des Weibchens ist eines der Hörnchen erkennbar.

Phänologie: ♂ Anfang/Mitte März bis Ende Mai; ♀ Mitte/Ende März bis Anfang Juni

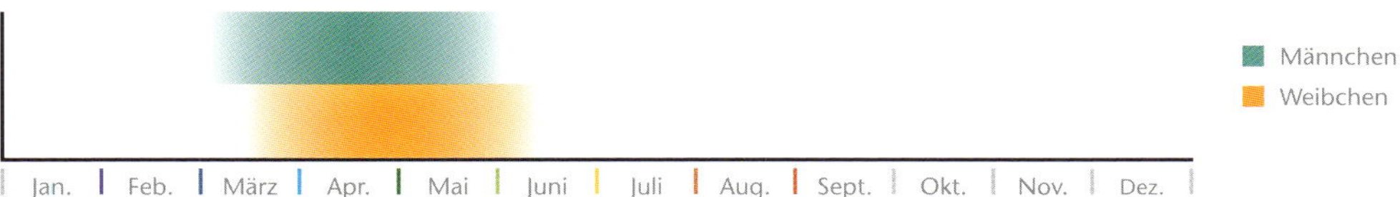

Nistweise und Habitat: Solitär; außerordentlich anpassungsfähiger Generalist. Diese Wildbienenart kommt in unterschiedlichen Lebensräumen vor und ist regelhaft im Siedlungsbereich anzutreffen. Nistet in Lehm- und Lößwänden, aber auch in Mauerfugen, Totholz, in Holzschuppen, hohlen Stängeln, auch in Schilfrohr von Reetdächern. Da die Weibchen jegliche Hohlräume nutzen, wurden auch in Fensterrahmen, einem zusammengeklappten Kinderwagendach sowie Sonnenschirmen, selbst in einer im Garten liegen gelassenen Jacke und in Türschlössern Nester gefunden. Sie nutzt auch verlassene Nester der Frühlings-Pelzbiene. Die Rostrote Mauerbiene legt sowohl Linienbauten an, in denen die einzelnen Brutzellen hintereinanderliegen, als auch Haufenbauten, in denen sie neben- oder übereinander angeordnet sind, je nach Beschaffenheit der Hohlräume. Sehr leicht anzusiedeln.

Kuckuck: Keine Kuckucksbienen, aber Milben, Bienenwolf (z.B. *Chaetodactylus krombeini*) und der Gemeine Bienenkäfer *(Trichodes apiarius).*

Verbreitung: In ganz Europa bis Nordafrika, etwa bis in 1000 m Höhe. Von den insgesamt 52 mitteleuropäischen Arten der Gattung *Osmia* kommen in D 38, in der CH 44 und in A 41 Arten vor.

Wissenswertes: Als Bauchsammlerin transportiert das Weibchen den gesammelten Pollen in einer Scopa aus parallel liegenden Borstenreihen an der Unterseite des Hinterleibs. Außer geeigneten Nistmöglichkeiten wird für die Zwischenwände und den Abschluss der Brutzellen Lehm benötigt, der so feucht sein muss, dass er noch formbar ist. An kleinen lehmigen Bodenstellen im Garten oder auf Baustellen entwickelt sich schnell ein reger Flugbetrieb von Weibchen, die Nistmaterial sammeln.

Männchen der Rostroten Mauerbiene mit typischer rostroter Hinterleibsbehaarung und weißem «Bart».

Weibchen der Rostroten Mauerbiene beim Besuch einer Salbeiblüte. Die orange gefärbte Scopa ist gut zu sehen.

Was man tun kann: Kaufen Sie keine Kokons der Rostroten Mauerbiene über das Internet (siehe hierzu auch *Osmia cornuta*). Da diese Art leicht künstliche Nisthilfen besiedelt, ist ihnen einfach zu helfen. Anstelle der käuflichen und in der Regel unbrauchbaren sog. Wildbienen-«hotels», kann man es selber besser machen, z. B. Bambus in kleine Stücke von mindestens 20 cm Länge schneiden. Dabei jeden Halm unterhalb eines Knotens abschneiden, sodass der Knoten den natürlichen hinteren Abschluss der Liniennester bildet. Mehrere zu Bündeln zusammenbinden und regen- und spechtsicher aufhängen. Leere Konservendosen lassen sich upcyceln, indem man auf den Boden etwas Gips füllt und so viele Bambushalme hineinsteckt, bis die Dose gefüllt ist (Knotenabschluss in den Gips stecken). Nach dem Aushärten kann man die Dose unter einem Dachvorsprung aufhängen. Auch Laubholzblöcke mit glatten Bohrlöchern und etwa 6–8 mm Innendurchmesser können als Nistmöglichkeit dienen. Da Nadelholz einerseits von Kanälen durchzogen ist, die klebriges Harz absondern, welches die Bienen verkleben kann, andererseits aus weichem Holz besteht, dessen raue Fasern die zarten Bienenflügel beschädigen können, kommt nur hartes Laubholz infrage

Weibchen der Rostroten Mauerbiene sammelt Lehm, um diesen als Nistmaterial zu verwenden.

Dazu formt sie ihn zu einer Kugel und klemmt ihn zwischen den Mandibeln fest, um ihn zum Nest zu transportieren.

(Buche, Eiche, Robinie). Baumscheiben (Hirnholz) sollten nicht verwendet werden, da sie durch Trocknungsprozesse Risse bilden, die Eintrittspforten für Feuchtigkeit sind. Bohrt man Holzklötze quer zur Holzfaser, kann das Reißen vermieden werden. Am Ende müssen herausragende Holzfasern glatt geschmirgelt werden. Das Holz muss unbehandelt und hinreichend trocken sein. Die Bohrlöcher sollten einen Abstand von 2 cm haben. Regensichere Aufhängung, z. B. unter einem Dachüberstand nach Südosten ausgerichtet, ist perfekt. Auch Strangfalzziegel können übereinandergeschichtet werden.

Futterpflanzen: Polylektisch; als unspezialisierte Art nutzt diese Mauerbiene eine große Vielfalt von Pollenquellen, z. B.:
Asparagaceae (Spargelgewächse): Garten-Hyazinthe *(Hyacinthus orientalis)*, Armenische Traubenhyazinthe *(Muscari armeniacum)*, Kleine Traubenhyazinthe *(Muscari botryoides)*, Übersehene/Weinbergs-Traubenhyazinthe *(Muscari neglectum)*, Sibirischer Schmuckblaustern *(Othocallis siberica)*, Zweiblättriger Blaustern *(Scilla bifolia);*
Asteraceae (Korbblütler): Gewöhnlicher Löwenzahn *(Taraxacum officinale);*
Betulaceae (Birkengewächse): Gewöhnliche Hainbuche *(Carpinus betulus);*
Boraginaceae (Raublattgewächse): Gewöhnlicher Natternkopf *(Echium vulgare);*
Brassicaceae (Kreuzblütler): Garten-Blaukissen (*Aubrieta* x *cultorum*), Raps *(Brassica napus);*
Ericaceae (Heidekrautgewächse): Schnee-Heide *(Erica carnea);*
Fabaceae (Schmetterlingsblütler): Wiesen-Klee *(Trifolium pratense)*, Weiß-Klee *(Trifolium repens)*, Zaun-Wicke *(Vicia sepium);*
Fagaceae (Buchengewächse): Stiel-Eiche *(Quercus robur);*
Lamiaceae (Lippenblütler): Kriechender Günsel *(Ajuga reptans)*, Gefleckte Taubnessel *(Lamium maculatum);*
Papaveraceae (Mohngewächse): Hohler Lerchensporn *(Corydalis cava)*, Gefingerter Lerchensporn *(Corydalis solida)*, Sand-Mohn *(Papaver argemone)*, Saat-Mohn *(Papaver dubium)*, Klatsch-Mohn *(Papaver rhoeas)*, Gelber Scheinerdrauch *(Pseudofumaria lutea);*
Plantaginaceae (Wegerichgewächse): Spitz-Wegerich *(Plantago lanceolata);*
Primulaceae (Primelgewächse): Hohe od. Wald-Schlüsselblume *(Primula elatior)*, Wiesen-Schlüsselblume *(Primula veris)*, Schaftlose Schlüsselblume *(Primula vulgaris);*
Ranunculaceae (Hahnenfußgewächse): Scharfer Hahnenfuß *(Ranunculus acris)*, Kriechender Hahnenfuß *(Ranunculus repens);*
Rosaceae (Rosengewächse): Eingriffeliger Weißdorn *(Crataegus monogyna)*, Kultur-Apfelbaum *(Malus domestica)*, Süß-Kirsche *(Prunus avium)*, Schlehe *(Prunus spinosa)*, Garten-Birnbaum *(Pyrus communis)*, Hunds-Rose *(Rosa canina)*, Gewöhnliche Himbeere *(Rubus idaeus)*, Echte Brombeere *(Rubus fruticosus);*
Salicaceae (Weidengewächse): Sal-Weide *(Salix caprea);*
Sapindaceae (Seifenbaumgewächse): Feld-Ahorn *(Acer campestre)*, Spitz-Ahorn *(Acer platanoides)*, Berg-Ahorn *(Acer pseudoplatanus).*

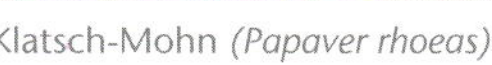

Klatsch-Mohn *(Papaver rhoeas)*

Schaftlose Schlüsselblume *(Primula vulgaris)*

Wiesen-Klee *(Trifolium pratense)*

Gehörnte Mauerbiene

Osmia cornuta Latreille 1805

Name: Lat. *cornu* bedeutet Horn und bezieht sich auf die zwei kleinen Hörnchen zwischen den Kopfhaaren im Gesicht der Weibchen.

Erkennungsmerkmale: Auffällige **schwarz-orange**, mittelgroße Biene.

♀: 12–15 mm; Körperfarbe schwarz, Kopf und Brustabschnitt schwarz behaart, gesamter **Hinterleib orangerot behaart,** auch die **Scopa**.

♂: 9–13 mm; Behaarung wie beim Weibchen, jedoch die **Gesichtsbehaarung lang und weiß**. Alte Männchen verlieren ihre orange Behaarung und sehen dann ausgeblichen und gerupft aus. Die Fühler sind länger als der Brustabschnitt.

Ähnliche Arten: Aufgrund der Färbung ihres dichten Haarpelzes kann die Gehörnte Mauerbiene auf den ersten Blick mit einer Steinhummel *(Bombus lapidarius)* verwechselt werden, die jedoch überwiegend schwarz ist und bei der nur die Abdomenspitze orange gefärbt ist. Die Rostrote Mauerbiene *(Osmia bicornis)* ist etwas kleiner und anders gefärbt. Die Zweifarbige Schneckenhausbiene *Osmia bicolor* (Größe 9–10 mm) sieht aus wie eine kleine Ausgabe der Gehörnten Mauerbiene, jedoch ohne Hörner am Clypeus. Sie nistet in leeren Schneckenhäusern.

Nistweise und Habitat: Solitär. Generalist. Als natürliche Nistplätze gelten Steilwände aus Sand, Lehm und Löß, Hohlwege, aber auch Totholz mit

Weibchen der Gehörnten Mauerbiene; der Pfeil deutet auf eines der beiden Hörnchen im Gesicht der Biene.

Phänologie: ♂ Anfang/Mitte März bis Ende Mai; ♀ Mitte/Ende März bis Anfang Juni

entsprechend großen Käferfraßgängen. Da die Weibchen in bereits vorhandenen Hohlräumen nisten, nutzen sie auch verlassene Nester von anderen Bienenarten, wie Pelzbienen, die eine ähnliche Körpergröße besitzen. Als Kulturfolger nutzt sie alle möglichen vom Menschen geschaffenen Hohlräume, wie z. B. Fensterrahmen- und Mauerspalten (*Mauer*bienen), Löcher aller Art, ebenso Ritzen in Hauswänden. Als Mörtel für die Abtrennung der Brutzellen und zum Nestverschluß sammeln die Weibchen feuchten Sand, Lehm und kleine Steinchen, und vermengen dieses Material mit dem Sekret ihrer Speicheldrüsen. Zunächst wird genügend Larvenfutter für die Entwicklung einer Biene gesammelt, dann ein befruchtetes Ei darauf abgelegt und die Brutzelle mit dem Mörtel zugemauert. Diese Wand ist die Rückwand der nächsten Brutzelle, sofern sie in einer Linie angelegt werden. Am Ende werden unbefruchtete Eier gelegt, aus denen die Männchen als erste schlüpfen. Die letzte Zelle bleibt leer und wird mit einem dicken Pfropfen verschlossen, damit Parasiten es schwerer haben einzudringen. Die aus dem Ei geschlüpfte Larve frisst sich durch den Vorrat aus Pollen und Nektar und häutet sich mehrmals, bevor sie sich verpuppt. Noch im selben Jahr verwandelt sie sich zur fertigen Biene. So überwintert sie, um im nächsten Frühjahr gleich wieder zur Stelle zu sein, sobald die ersten Traubenhyazinthen blühen.

Männchen der Gehörnten Mauerbiene wartet vor einer Niströhre auf Weibchen.

Männchen der Gehörnten Mauerbiene schaut aus einem Nest heraus, während es sich seinen «Bart» putzt.

Weibchen der Gehörnten Mauerbiene verlässt rückwärts ihr Nest.

Weibchen der Gehörnten Mauerbiene beim Verschließen ihres Nestes mit Mörtel.

Kuckuck: Keine Kuckucksbienen, aber Milben.

Verbreitung: Weit verbreitet, häufiger im Süden als im Norden; selten höher als 500 m. Durch den Klimawandel erfährt diese wärmeliebende Art offenbar eine Förderung und breitet sich insbesondere in den Wärmeinseln der Städte aus.

Wissenswertes: Seit einiger Zeit werden Kokons dieser Mauerbiene sowie der Rostroten Mauerbiene *(Osmia bicornis)* kommerziell angeboten, weil sie in Obstplantagen die Blüten besser bestäuben als Honigbienen. Zudem stellen Imker ihre Honigbienen-Völker immer weniger gerne in solche Intensivkulturen, denn der Honig kann bei hoher Pestizidbelastung nicht vermarktet werden, und Pestizide schädigen auch die Honigbienen-Völker. Bis zu zehn Mal werden beispielsweise Apfelbäume gespritzt. Der Einsatz von Mauerbienen in Obstplantagen mag zwar die Bestäubung und damit die Ernte verbessern, Wildbienenschutz ist das hingegen nicht, da Wildbienen mindestens genauso empfindlich auf Pestizide regieren wie Honigbienen. Hier das Haustier Honigbiene durch eine andere Bienenart zu ersetzen ist völlig kontraproduktiv, es hilft nur den kommerziellen Anbietern und ist weder gut für die Umwelt noch für die Bienen.

Was man tun kann: Kaufen Sie keine Bienen-Kokons im Internet. Das ist reine Geldverschwendung, und trägt nicht zum Bienenschutz bei. Ganz im Gegenteil, es verfälscht den jeweiligen regionalen Genpool der Bienenart. Darüber hinaus ist nicht auszuschließen, dass mit den Bienen auch Parasiten transportiert werden, die sich dann an anderen Orten rasant ausbreiten können. Diese ungefährdete Bienenart kommt bei geeignetem Nist- und Futterangebot selbstständig in den Garten. Bieten Sie ihr passende Nistmöglichkeiten, indem Sie eine Steilwand aus Lehm oder Löß bauen. Mit etwas Geduld kommen als Erstbesiedler Frühjahrs-Pelzbienen *(Anthophora plumipes)*. Nutzen diese die Nester nicht mehr, kommt als Folgesiedler die Gehörnte Mauerbiene. Als Hohlraumbewohner nistet sie auch gerne in Nisthilfen aus Bambusröhrchen mit einem Innendurchmesser von 8–10 mm (Bauanleitung siehe Rostrote Mauerbiene).

Futterpflanzen: Polylektisch; als unspezialisierte Art nutzt diese Mauerbiene eine große Vielfalt an Pollenquellen, z. B.:
Asparagaceae (Spargelgewächse): Garten-Hyazinthe *(Hyacinthus orientalis)*, Armenische Traubenhyazinthe *(Muscari armeniacum)*, Kleine Traubenhyazinthe *(Muscari botryoides)*, Übersehene/Weinbergs-Traubenhyazinthe *(Muscari neglectum)*, Sibirischer Schmuckblaustern *(Othocallis siberica)*, Zweiblättriger Blaustern *(Scilla bifolia)*;
Asteraceae (Korbblütler): Gewöhnlicher Löwenzahn *(Taraxacum officinale)*;
Brassicaceae (Kreuzblütler): Garten-Blaukissen (*Aubrieta* x *cultorum*), Raps *(Brassica napus)*;
Ericaceae (Heidekrautgewächse): Schnee-Heide *(Erica carnea)*;
Fabaceae (Schmetterlingsblütler): Wiesen-Klee *(Trifolium pratense)*, Weiß-Klee *(Trifolium repens)*;
Fagaceae (Buchengewächse): Stiel-Eiche *(Quercus robur)*;
Papaveraceae (Mohngewächse): Hohler Lerchensporn *(Corydalis cava)*, Gefingerter Lerchensporn *(Corydalis solida)*, Gelber Scheinerdrauch *(Pseudofumaria lutea)*;
Primulaceae (Primelgewächse): Wald-/Hohe Schlüsselblume *(Primula elatior)*, Wiesen-Schlüsselblume *(Primula veris)*, Schaftlose Schlüsselblume *(Primula vulgaris)*;
Ranunculaceae (Hahnenfußgewächse): Scharfer Hahnenfuß *(Ranunculus acris)*, Kriechender Hahnenfuß *(Ranunculus repens)*;
Rosaceae (Rosengewächse): Eingriffeliger Weißdorn *(Crataegus monogyna)*, Kultur-Apfelbaum *(Malus domestica)*, Süß-Kirsche *(Prunus avium)*, Garten-Birnbaum *(Pyrus communis)*;
Sapindaceae (Seifenbaumgewächse): Spitz-Ahorn *(Acer platanoides)*.

Hohler Lerchensporn *(Corydalis cava)*

Schnee-Heide *(Erica carnea)*

Kleine Traubenhyazinthe *(Muscari botryoides)*

Rotfransige Sandbiene, Rotendige Sandbiene

Andrena haemorrhoa Fabricius 1781

Name: *haem* von griech. *haima* bedeutet blutrot und bezieht sich auf die zwar nicht rote, jedoch orange gefärbte Endfranse des Hinterleibs.

Erkennungsmerkmale: Mittelgroße Art, die mit **orange behaartem Thorax und oranger Endfranse** im Kontrast zum schwarzen Körper gut erkennbar ist.

♀: 10–12 mm; Kopf schwarz, mit weißer Behaarung, Fovea facialis hell. **Thoraxoberseite orange behaart, Körperunterseite und -seiten lang weiß behaart. Hinterleib schwarz**, nahezu **kahl, glänzend**, lediglich seitlich wenige helle Haare. **Haarschopf** (Endfranse) **am Ende des Abdomens orange**. Vorderbeine sind dunkel, die Behaarung ist hell. Die Schenkel sind schwarz, Schienen und Füße orange, mit jeweils **heller Behaarung**. Die Schienenbürste am hinteren Beinpaar ist außen gelblich, innen weiß.

♂: 8–11 mm; schmaler als das Weibchen. **Kopf** und untere Körperpartien lang **gelblich behaart**; **Thoraxoberseite lang orange behaart**. Abdomen fast kahl, nur seitlich dünn behaart, **Endfranse orange**. Hinterschienen und -füße orange. Flügeladerung orangebraun.

Andrena haemorrhoa, Weibchen bei der Pollenernte in der Blüte einer Wildrose.

Ähnliche Arten: Eine ähnliche, jedoch größere Art ist *Andrena nitida*, bei ihr sind die Endfranse und die Beine schwarz. Die Schienenbürste ist zweifarbig: oben schwarz und unten weiß behaart. Das ist aber

Phänologie: ♂ Anfang April bis Anfang Juni; ♀ Anfang April bis Mitte Juni

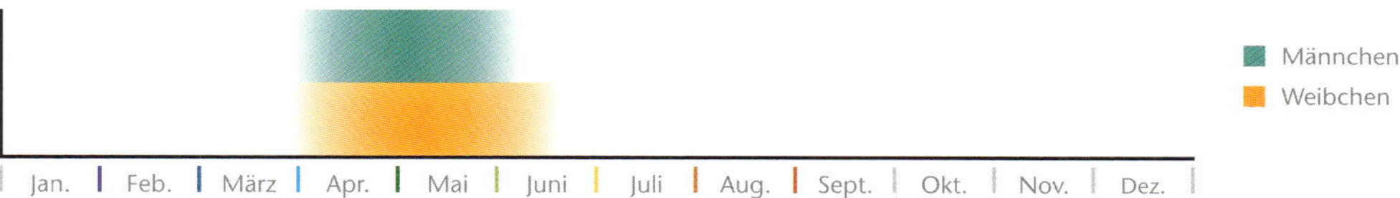

nicht zu sehen, wenn sie mit Pollen beladen ist. Die Gesichtsbehaarung der Männchen ist im Gegensatz zu *Andrena haemorrhoa* weiß.

Nistweise und Habitat: Solitär; die Weibchen graben eigene Erdnester im sandigen oder lehmigen Boden, gerne etwas versteckt unter Büschen. Die Art ist hinsichtlich ihres Lebensraumes nicht spezialisiert. Als Generalist kommt sie beispielsweise in Wäldern, Gärten, Parks, Hecken, Heiden, Streuobstwiesen, trockenen Wiesen und Waldrändern vor.

Kuckuck: Wespenbiene *(Nomada ruficornis*, früher *N. bifida).*

Verbreitung: Die Art ist häufig und in ganz Europa weit verbreitet, bis 68° nördl. Breite. In der Schweiz bis 1900 m Höhe.

Wissenswertes: Die Männchen schlüpfen etwas vor den Weibchen und umschwirren in großer Zahl beliebte Futterpflanzen wie Schlehen oder Kirschbäume. Hier setzen sie offenbar Duftmarken längs ihrer Flugbahnen, die weitere Männchen anlocken, welche ebenfalls ihren unwiderstehlichen Duft hinterlassen. Die so markierten Flugbahnen zu lohnenden Futterquellen sind wohl für die Weibchen so attraktiv, dass sie ebenfalls davon angelockt werden, und dabei auf die Männchen treffen, die versuchen, sich mit ihnen zu paaren.

Andrena haemorrhoa, Männchen in der Blüte der Kupfer-Felsenbirne *(Amelanchier lamarckii).*

Andrena haemorrhoa, Weibchen ausruhend auf einem Rhododendronblatt.

Andrena haemorrhoa, Weibchen mit dicht gefüllten Sammelhaaren.

Die Wespenbiene *Nomada ruficornis* lebt als Kuckucksbiene bei der Rotfransigen Sandbiene.

Was man tun kann: Blütenreichtum und -vielfalt hilft dieser Generalistin, da sie bei der Wahl der Futterpflanzen nicht anspruchsvoll ist. Unter Büschen den Boden nicht mit Rindenmulch zudecken, sondern offenlassen, damit dort Nester gebaut werden können. Rindenmulch erstickt nicht nur jedes «Wildkraut», sondern auch das Bodenleben.

Futterpflanzen: Polylektisch; die Art ist hinsichtlich der Pollenquellen nicht wählerisch, sie nutzt viele verschiedene Pollenquellen, z. B.:

Amaryllidaceae (Narzissen-/Lauchgewächse): Schnittlauch *(Allium schoenoprasum);*

Apiaceae (Doldenblütler): Gewöhnlicher Giersch *(Aegopodium podagraria)*, Wiesen-Kerbel *(Anthriscus sylvestris)*, Taumel-Kälberkropf (*Chaerophyllum temulum,* giftig!);

Aquifoliaceae (Stechpalmengewächse): Gewöhnliche Stechpalme *(Ilex aquifolium);*
Asteraceae (Korbblütler): Wiesen-Schafgarbe *(Achillea millefolium)*, Ausdauerndes Gänseblümchen *(Bellis perennis)*, *Centaurea*-Arten wie z. B. Wiesen-Flockenblume *(C. jacea)*, Gewöhnliches Ferkelkraut *(Hypochaeris radicata)*, Rainfarn *(Tanacetum vulgare)*, Gewöhnlicher Löwenzahn *(Taraxacum officinale)*, Huflattich *(Tussilago farfara);*
Betulaceae (Birkengewächse): Schwarz-Erle *(Alnus glutinosa);*
Boraginaceae (Raublattgewächse): Wald-Vergissmeinnicht *(Myosotis sylvatica);*
Brassicaceae (Kreuzblütler): Echtes Barbarakraut *(Barbarea vulgaris)*, Raps *(Brassica napus)*, Rübsen *(Brassica rapa);*
Fagaceae (Buchengewächse): Stiel-Eiche *(Quercus robur);*
Grossulariaceae (Stachelbeergewächse): Rote Johannisbeere *(Ribes rubrum)*, Stachelbeere *(Ribes uva-crispa);*
Plantaginaceae (Wegerichgewächse): Gamander-Ehrenpreis *(Veronica chamaedrys);*
Ranunculaceae (Hahnenfußgewächse): Knöllchen-Scharbockskraut *(Ficaria verna)*, Scharfer Hahnenfuß *(Ranunculus acris);*
Rosaceae (Rosengewächse): Kultur-Apfelbaum *(Malus domestica)*, Eingriffeliger Weißdorn *(Crataegus monogyna)*, Gänse-Fingerkraut *(Potentilla anserina)*, Süß-Kirsche *(Prunus avium)*, Sauerkirsche *(Prunus cerasus)*, Pflaume *(Prunus domestica)*, Schlehe *(Prunus spinosa)*, Garten-Birnbaum *(Pyrus communis)*, Hunds-Rose *(Rosa canina);*
Resedaceae (Resedagewächse): Färber-Wau *(Reseda luteola);*
Salicaceae (Weidengewächse): *Salix*-Arten (Weiden), z. B. Silber-Weide *(Salix alba)*, Sal-Weide *(Salix caprea)*, Grau-Weide *(Salix cinerea);*
Sapindaceae (Seifenbaumgewächse): Feld-Ahorn *(Acer campestre)*, Spitz-Ahorn *(Acer platanoides)*, Berg-Ahorn *(Acer pseudoplatanus).*

Eingriffeliger Weißdorn *(Crataegus monogyna)*

Knöllchen-Scharbockskraut *(Ficaria verna)*

Garten-Birnbaum *(Pyrus communis)*

Hunds-Rose *(Rosa canina)*

Gewöhnlicher Löwenzahn *(Taraxacum officinale)*

Huflattich *(Tussilago farfara)*

Weißflaum-Sandbiene

Andrena nitida Müller 1776

Name: Der deutsche Name stammt von der auffälligen weiß-flaumigen Behaarung der Thoraxseiten. Lat. *nitidus* glänzend, schimmernd, bezieht sich auf den schwarz glänzenden Hinterleib.

Erkennungsmerkmale: Eine große, auffällige Bienenart.

♀: 13–16 mm; Körperfarbe schwarz, sowohl Kopf und Beine als auch der **schwarz glänzende Hinterleib.** Die Behaarung der **Thoraxoberseite** ist bei jungen Weibchen **dicht pelzig beige-braun bis orange** und bleicht später aus. Die Körperseiten und die Unterseite zeigen eine helle Behaarung. Die **Endfranse** ist **schwarz**. Die Schienenbürste des letzten Beinpaares ist zweifarbig: oben schwarz und unten weiß (nur ohne Pollenbeladung erkennbar).

Andrena-nitida-Weibchen bedienen sich gerne am Gewöhnlichen Löwenzahn *(Taraxacum officinale).*

♂: 11–14 mm; kleiner und schlanker als die Weibchen. Körperfarbe schwarz. Haarpelz ähnlich dem Weibchen. Die Gesichtsbehaarung der Männchen ist weiß, seitlich schwarz.

Ähnliche Arten: Rotfransige Sandbiene *(Andrena haemorrhoa)*, Anmerkungen siehe dort.

Nistweise und Habitat: Die Weibchen nisten in der Erde, auch in Böden mit lichtem Pflanzenbewuchs, wie in Waldrändern und Hecken. Da diese Art nicht an einen bestimmten Lebensraum gebunden ist, können viele unterschiedliche Biotope von ihr besiedelt werden.

Phänologie: ♂ Ende März bis Mitte Mai; ♀ Anfang/Mitte April bis Ende Juni

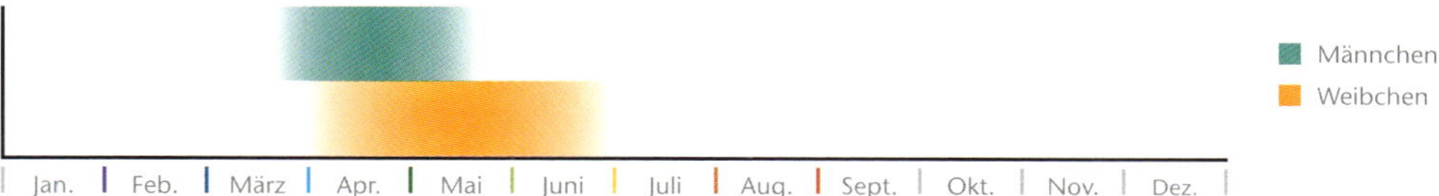

Kuckuck: Mehrere Wespenbienen-Arten, u. a. *Nomada flava, N. goodeniana, N. succincta.*

Verbreitung: In ganz Europa nördl. bis etwa Mittelschweden; südlich sogar bis Nordafrika und Kanarische Inseln. W-O: Irland bis Ural. In der gesamten Schweiz bis etwa 1600 m Höhe, in Österreich sogar bis 2000 m.

Wissenswertes: Neben einer mehr oder weniger stark ausgebildeten, samtig behaarten, flachen Grube zwischen Augeninnenrand und Fühlerbasis (Fovea facialis) und der Flügeladerung, sind ihre Pollensammel- und Pollentransporteinrichtungen charakteristische Merkmale aller weiblichen Sandbienen. Letztere befinden sich an den Hinterbeinen («Beinsammler») und bestehen aus einer langen Behaarung der Hüften (Coxen), einer ausgeprägten Haarlocke am Schenkelring (Trochanter), die zusammen mit der Unterseite der Schenkel und den Seiten des Mittelsegmentes (Propodeum) ein Körbchen bilden, sowie einer Haarbürste an den Hinterschienen und -fersen.

Was man tun kann: Diversität im Garten fördern. Das ist ganz einfach, denn man braucht nur weniger aufzuräumen, das spart auch Zeit. Man muss allerdings die scheinbare «Unordnung» erdulden lernen. Als polylektische Art, die viele unterschiedliche Futterquellen nutzt, und eine – für Bienenverhältnisse – lange Flugzeit (März bis Juni) hat, braucht diese Bienenart ein gleichmäßiges Blütenangebot. Daher sollte Eintönigkeit in Blumenbeeten vermieden werden. Am besten sind an die Region und den jeweiligen Standort angepasste Wildstauden, -sträucher und Bäume.

Andrena nitida, Männchen ruht sich auf einer Blüte des Sibirischen Schmuckblausterns *(Othocallis siberica)* aus.

Ein Weibchen von *Andrena nitida* beim Pollensammeln an einer Wildrose.

Weibchen der Wespenbiene *Nomada goodeniana,* die als Kuckuck ihre Eier in die Nester der Weißflaum-Sandbiene schmuggelt.

Ein Weibchen von *Andrena nitida* auf einer Blüte des Sibirischen Schmuckblausterns *(Othocallis siberica).*

Futterpflanzen:
Amaryllidaceae (Narzissengewächse/Lauchgewächse): Bärlauch *(Allium ursinum)*;
Asparagaceae (Spargelgewächse): Sibirischer Schmuckblaustern *(Othocallis siberica)*;
Asteraceae (Korbblütler): Ausdauerndes Gänseblümchen *(Bellis perennis)*, Gewöhnlicher Löwenzahn *(Taraxacum officinale)*;
Brassicaceae (Kreuzblütler): Wilde Engelwurz *(Angelica sylvestris)*, Wiesen-Schaumkraut *(Cardamine pratensis)*;
Cistaceae (Zistrosengewächse): Gewöhnliches Sonnenröschen *(Helianthemum nummularium)*;
Cornaceae (Hartriegelgewächse): Blutroter Hartriegel *(Cornus sanguinea)*;
Fabaceae (Schmetterlingsblütler): Weiß-Klee *(Trifolium repens)*;
Grossulariaceae (Stachelbeergewächse): Schwarze Johannisbeere *(Ribes nigrum)*;
Lamiaceae (Lippenblütler): Gefleckte Taubnessel *(Lamium maculatum)*;
Ranunculaceae (Hahnenfußgewächse): Knöllchen-Scharbockskraut *(Ficaria verna)*, Scharfer Hahnenfuß *(Ranunculus acris)*;
Rosaceae (Rosengewächse): Kultur-Apfelbaum *(Malus domestica)*, Süß-Kirsche *(Prunus avium)*, Sauerkirsche *(Prunus cerasus)*, Pflaume *(Prunus domestica)*, Schlehe *(Prunus spinosa)*, Garten-Birnbaum *(Pyrus communis)*, Gewöhnliche Himbeere *(Rubus idaeus)*;
Salicaceae (Weidengewächse): Weidenarten *(Salix)*;
Sapindaceae (Seifenbaumgewächse): Feld-Ahorn *(Acer campestre)*, Spitz-Ahorn *(Acer platanoides)*.

Spitz-Ahorn *(Acer platanoides)*

Bärlauch *(Allium ursinum)*

Sibirischer Schmuckblaustern *(Othocallis siberica)*

Feld-Rose *(Rosa arvensis)*

Luzilien-Schneeglanz *(Scilla luciliae)*

Weiß-Klee *(Trifolium repens)*

Hahnenfuß-Scherenbiene

Chelostoma florisomne Linnaeus 1758

Name: Griech. *chele* bedeutet Schere, was sich, wie der deutsche Name *Scheren*biene, auf die auffällig großen, zangenartigen Mandibeln insbesondere der Weibchen bezieht. *Hahnenfuß*-Scherenbiene wegen der Spezialisierung auf Hahnenfußarten.

Erkennungsmerkmale: Schmale, schwarze Solitärbiene mit bräunlichen Flügeln.

♀: 8–11 mm; Körperfarbe schwarz, nur spärlich behaart. **Sehr große, zangenartige Mandibeln.** Bauchsammlerin, Bauchbürste (Scopa) gelblich weiß.

Weibchen der Hahnenfuß-Scherenbiene beim Nektartrinken am Scharfen Hahnenfuß. Die Bauchbürste ist schon mit Hahnenfußpollen gefüllt.

♂: 7–10 mm; Körperfarbe schwarz; **scharf gesägte Fühlerglieder.** Schlafen manchmal in Hahnenfußblüten.

Ähnliche Arten: Aufgrund der Flugzeit und der spezifischen Futterpflanzen mit keiner Art zu verwechseln.

Nistweise und Habitat: Solitär; die Weibchen nisten in vorhandenen Hohlräumen, wie in alten Käferfraßgängen in Totholz, in Zaunpfählen, auch in hohlen Pflanzenstängeln sowie Halmen von Reetdachhäusern, in künstlichen Nisthilfen, z.B. aus Bambushalmen. Hier werden auch vorjährige Nester, z.B. von *Osmia bicornis,* leergeräumt und nachgenutzt. Je Stängelglied werden durchschnittlich 2–3 Brutzellen hintereinander als Linienbauten angelegt, höchstens aber acht je Halm. Der einge-

Phänologie: Univoltin; ♂ Mitte April bis Mitte Juni; ♀ Anfang Mai bis Mitte Juli

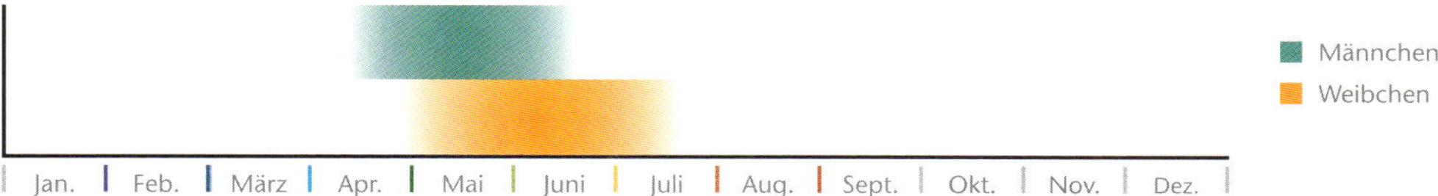

tragene Pollen wird mit etwas Nektar vermengt. Zwischen jeder Brutzelle und auch hinter dem Nesteingang bleibt jeweils ein Leerraum frei. Diese «Vorhöfe» sollen wohl verhindern, dass Parasiten, wie die Keulenwespe *(Sapyga clavicornis),* ihre Eier in die Brutzellen legen. Für den Nestverschluss wird Lehm/Sand benötigt, der mit Nektar befeuchtet wird. In den feuchten Mörtel werden Sandkörner und kleine Steinchen eingearbeitet, sodass nach dem Trocknen das Nest einen steinharten Verschluss besitzt. Die noch bleichen, aber sonst bereits fast wie die Imagos aussehenden Puppen überwintern in ihrem Kokon.
Die Art kann an Waldlichtungen, in Gärten und Parks sowie auf Streuobstwiesen und im Siedlungsbereich angetroffen werden.

Kuckuck: Keiner bekannt, jedoch die Keulenwespe *Sapyga clavicornis* als Brutparasit.

Verbreitung: Die Gattung *Chelostoma* ist weltweit mit 55 Arten verbreitet; in Deutschland kommen 4, in Österreich und der Schweiz je 8 Arten vor. Die Hahnenfuß-Scherenbiene ist in ganz Europa bis Finnland weit verbreitet.

Wissenswertes: Die Pollenquellen müssen in unmittelbarer Nähe der Nistplätze vorhanden sein. Nach Untersuchungen in Finnland (Käpylä 1978) fliegen die Weibchen nur im Umkreis bis zu 150 m vom Nest auf Nahrungssuche, Männchen sogar nur 80 m weit.

Männchen der Hahnenfuß-Scherenbiene beim Nektartrinken am Scharfen Hahnenfuß.

Weibchen der Hahnenfuß-Scherenbiene an ihrem Nest. Gut zu sehen sind ihre zangenförmigen Mandibeln.

Weibchen der Hahnenfuß-Scherenbiene beim Verschließen ihres Nestes an einer künstlichen Nisthilfe.

Weibchen der Hahnenfuß-Scherenbiene in der Blüte des Scharfen Hahnenfuß *(Ranunculus acris)*. Da das Tier erst wenig Pollen gesammelt hat, ist die helle Scopa an der Unterseite des Hinterleibs gut zu erkennen.

Was man tun kann: Nisthilfen z. B. aus Schilf- oder Bambushalmen mit einem Innendurchmesser von 3–5 mm anbieten und hinreichend große Hahnenfuß-Bestände in unmittelbarer Nähe pflanzen oder stehen lassen. Oft wächst der Kriechende Hahnenfuß im Rasen, dann dort tolerieren. Englischer Rasen bietet Bienen keine Nahrung.

Futterpflanzen: Streng oligolektisch; Pollen wird ausschließlich an Hahnenfuß-Arten gesammelt, z. B.: Scharfer Hahnenfuß *(Ranunculus acris)*, Knolliger Hahnenfuß *(Ranunculus bulbosus)*, Kriechender Hahnenfuß *(Ranunculus repens)*, Wolliger Hahnenfuß *(Ranunculus lanuginosus)*.

Scharfer Hahnenfuß *(Ranunculus acris)*

Wolliger Hahnenfuß *(Ranunculus lanuginosus)*

Kriechender Hahnenfuß *(Ranunculus repens)*

Gelbbindige Furchenbiene

Halictus scabiosae Rossi 1790

Name: Der wissenschaftliche Artname *scabiosae* nimmt Bezug auf die Tauben-Scabiose *(Scabiosa columbaria)*. Auf dieser Art hat wohl der Erstbeschreiber die Biene beobachtet. Skabiosen werden jedoch nur als Pollenlieferant genutzt, wenn keine blühenden Korbblütler vorhanden sind. Der deutsche Name nimmt Bezug auf die Farbe der Haarbinden.

Erkennungsmerkmale: Große, auffällig gelblich gefärbte Biene.

♀: Mit 12–14 mm ist diese Solitärbiene insgesamt etwas plumper als die Weißbindige Furchenbiene *(Halictus sexcinctus)*. Der **Kopf** der Gelbbindigen Furchenbiene **ist breiter als der Thorax**. Die Rückenplatten tragen **am Ende** durchgehende, **breite, dichte, ockergelbe Haarbinden**. Außerdem befinden sich am Anfang (an der Basis) der Rückenplatten filzige Binden, die genauso breit oder breiter als die Haarbinden sind. Haar- und Filzbinden zusammen erwecken den **Eindruck einer doppelten Bänderung**. Oft ist eine Bestimmung nur bei vollständigem Haarkleid möglich, was Probleme bei älteren Tieren mit sich bringt, die oft nur noch schütter behaart sind. Das Alter der Tiere kann am Abnutzungszustand der Flügel abgeschätzt werden. Die **Längsfurche** ist auf der 5. Rückenplatte erkennbar.

♂: 11–13 mm; **viel schlanker als die ♀. Fühlergeißel** vollständig **braunschwarz** gefärbt, **Spitze**

Weibchen der Gelbbindigen Furchenbiene Nektar trinkend an einer Bienen-Kugeldistel *(Echinops sphaerocephalus)*. Breite, ockergelbe Haarbinden sitzen am Ende der Hinterleibssegmente.

Phänologie: Überwinternde ♀ ab Anfang April, Jungweibchen und ♂ ab Anfang Juli bis Oktober

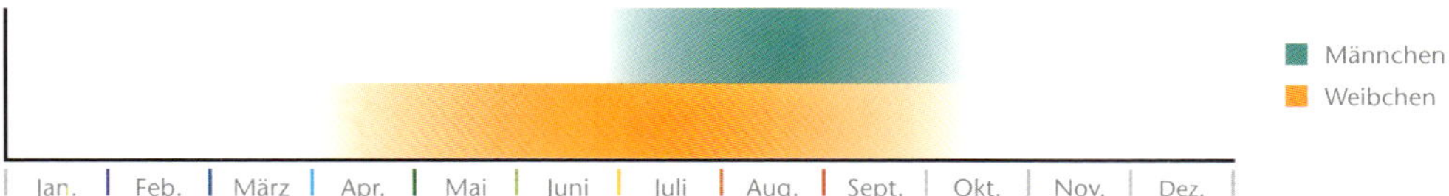

hakenförmig zurückgebogen. Beine gelb, Schiene des mittleren Beinpaares mit Sporn, dieser mit gekrümmter Spitze. Lang abstehende Behaarung am 1. und 2. Glied der Ferse. Färbung der Haar- und Filzbinden wie bei den Weibchen.

Ähnliche Arten: Die Weibchen der Weißbindigen Furchenbiene *(Halictus sexcinctus)* mit weißlichen Haarbinden am Hinterleib; Fühler der Männchen nur an Basis und Spitze schwarz, dazwischen gelborange. Bei der Vierbindigen Furchenbiene *(Halictus quadricinctus)* sind die Haarbinden am Ende der Rückenplatten in der Mitte deutlich schmaler oder unterbrochen.

Nistweise und Habitat: Weibchen graben bis über 30 cm tiefe Gänge und Hohlräume in lockere, vegetationsarme Sand- oder Lehmböden. Nester werden oft in größeren Aggregationen angelegt. Die Lebensweise ist primitiv-eusozial: Mehrere Weibchen überwintern zusammen in ihrem Ursprungsnest. Anfang April legt aber nur eines der Weibchen Eier, die anderen unterstützen das eierlegende Weibchen bei der Versorgung der Larven. Wächterinnen sitzen im Eingang und wehren unbefugte Tiere ab. Noch bevor die nächste Generation schlüpft, verjagt das «Hauptweibchen» ihre Helferinnen, welche dann das Nest verlassen und eigene Nester gründen, die sie ohne andere Hilfe versorgen. Als wärmeliebende Art kommt diese Furchenbienenart auf Magerrasen, an trockenen Ruderalstellen, sonnigen Straßenböschungen und Bahndämmen, Sand- und Kiesgruben, aber auch in Gärten und Parks vor.

Männchen der Gelbbindigen Furchenbiene Nektar trinkend an einer Bienen-Kugeldistel. Vollständig dunkle Fühler kontrastieren zu den gelben Beinen.

Weibchen der Gelbbindigen Furchenbiene; deutlich sichtbar die Furche auf dem letzten Hinterleibssegment.

Weibchen der Gelbbindigen Furchenbiene Nektar trinkend an einer Bienen-Kugeldistel *(Echinops sphaerocephalus).*

Kuckuck: Blutbiene *(Sphecodes gibbus).*

Verbreitung: Besonders wärmeliebend, daher Schwerpunkt in Südeuropa; in Deutschland ehemals vorwiegend im Süden. Die Ausbreitung nach Norden wird offenbar durch die Erderwärmung gefördert. 1997 wurde die Art erstmalig in Niedersachsen nachgewiesen, 2018 in Schleswig-Holstein.

Wissenswertes: Im Juli/August kann man Paarungen an den Blütenständen der Futterpflanzen beobachten. Häufig versuchen gleich mehrere Männchen ihr Glück bei einem Weibchen. Die Gelbbindige Furchenbiene steht in Deutschland und der Schweiz auf der Roten Liste der bedrohten Arten in der Kategorie 3, d. h. sie ist gefährdet.

Was man tun kann: Ausreichende Bestände der unten genannten Pollen liefernden Arten pflanzen. Eine Mahd im Herbst sollte erst nach Ausreifung der Früchte erfolgen, keinesfalls während der Blüte, denn zu diesem Zeitpunkt fliegt bereits die nächste Generation, die überwintert. Bei vorzeitigem Mähen wird den Jungtieren die Nahrungsgrundlage genommen. Nistplätze sollten geschützt, Neuanlagen durch Bereitstellen nur schütter bewachsener, lockerer, sandig-lehmiger Bodenstellen gefördert werden.

Futterpflanzen: Kommen aus drei Pflanzenfamilien, wobei die Korbblütler bevorzugt werden:
Asteraceae (Korbblütler): Kornblume *(Cyanus segetum)*, Wiesen-Flockenblume *(Centaurea jacea)*, Skabiosen-Flockenblume *(Centaurea scabiosa)*, Gewöhnliche Wegwarte *(Cichorium intybus)*, Acker-Kratzdistel *(Cirsium arvense)*, Sumpf-Kratzdistel *(Cirsium palustre)*, Gewöhnliche Kratzdistel *(Cirsium vulgare)*, Wiesen-Pippau *(Crepis biennis)*, Wilde Artischocke *(Cynara cardunculus)*, Bienen-Kugeldistel *(Echinops sphaerocephalus)*, Ruthenische Kugeldistel (*Echinops ritro* ssp. *ruthenicus*), Gewöhnliches Ferkelkraut *(Hypochaeris radicata)*, Gewöhnliche Eselsdistel *(Onopordum acanthium)*, Gewöhnliches Bitterkraut *(Picris hieracioides)*;
Caprifoliaceae/Dipsacaceae (Kardengewächse): Acker-Witwenblume *(Knautia arvensis)*, Tauben-Skabiose *(Scabiosa columbaria)*, Wiesen-Teufelsabbiss *(Succisa pratensis)*, Echte Mariendistel *(Silybum marianum)*;
Convolvulaceae (Windengewächse): Gewöhnliche Zaunwinde *(Calystegia sepium)*, Acker-Winde *(Convolvulus arvensis)*.

Wilde Artischocke *(Cynara cardunculus)*

Gewöhnliche Zaunwinde *(Calystegia sepium)*

Skabiosen-Flockenblume *(Centaurea scabiosa)*

Bienen-Kugeldistel *(Echinops sphaerocephalus)*

Ruthenische Kugeldistel (*Echinops ritro* ssp. *ruthenicus*)

Wiesen-Teufelsabbiss *(Succisa pratensis)*

Weißbindige Furchenbiene, Sechsbindige Furchenbiene

Halictus sexcinctus Fabricius 1775

Name: Alle Furchen- und Schmalbienenweibchen der Gattungen *Halictus* und *Lasioglossum*, die früher als eine Gattung angesehen wurden, besitzen auf ihrem letzten Hinterleibssegment eine kahle Furche, die von mehr oder weniger dichten Haaren umgeben ist. Der Gattungsname *Halictus* leitet sich vom griechischen *halizein* ab, was so viel bedeutet wie *versammelt,* und sich wohl auf das Sozialverhalten der Arten bezieht. Lat. *sex-* bedeutet sechs, *cinctum* umgürtet. Die deutschen Namen leiten sich von den sechs weißen Haarbinden auf den 1.–6. Rückensegmenten der Männchen ab, daher auch *Sechs*bindige Furchenbiene.

Altes Weibchen der Weißbindigen Furchenbiene, Hinterleibsbehaarung fast vollständig verschwunden.

Erkennungsmerkmale: Flügel mit drei Cubitalzellen mit deutlich gebogener Basalader als Gattungsmerkmal.

♀: Mit 14–15 mm gehört diese Biene zu den größeren Arten. Die Rückenplatten haben **am Ende** durchgehende, dichte, **weißgelbliche Haarbinden**. Der Anfang (die Basis) der 1.–3. Rückenplatten trägt kaum Binden. Oft ist eine Bestimmung nur bei vollständigem Haarkleid möglich, was Probleme bei älteren Tieren mit sich bringt, die oft nur noch schütter behaart sind. Die Längsfurche auf der 5. Rückenplatte ist von **dichten rostroten Haaren** umgeben. Fühler und Beine sind schwarz, aber die Beinbehaarung rostrot. Beinsammler: Pollentransportbehaarung auf den Hinterschenkeln (Femur) und Hinterschienen (Tibia) des dritten Beinpaares.

Phänologie: Überwinternde ♀ Ende April; ♂ und ♀ Jungtiere Juli bis September

♂: 13–15 mm; viel schlanker als die Weibchen, auch der Hinterleib sehr lang und schmal. Nur Fühlerbasis und -spitzen braun-schwarz, sonst **auffällig orangegelb gefärbt**. Fühler lang, fadenförmig, dünn, **Spitze hakenförmig zurückgebogen**. Beine orange, Schiene des mittleren Beinpaares mit Sporn, dieser mit gekrümmter Spitze. Lang abstehende Behaarung am 1. und 2. Glied der Ferse.

Ähnliche Arten: Die Weibchen der Gelbbindigen Furchenbiene *(Halictus scabiosae)* tragen ockergelbe Haarbinden am Hinterleib, Männchen haben schwarze Fühler. Bei der Vierbindigen Furchenbiene *(Halictus quadricinctus)* sind die Haarbinden in der Mitte schmaler oder unterbrochen. Die übrigen *Halictus*-Arten sind kleiner. *Lasioglossum*-Arten: Haarbinden oder -flecken am Ansatz der Hinterleibsplatten, am Ende nur Borsten, aber keine Binden.

Nistweise und Habitat: Solitär, aber gesellig. Weibchen graben ihre Nester in sandige oder lehmige Böden von Wegen, in Steilwände, Abbruchkanten, blütenreiche Ruderalflächen, Trockenrasen, Sand- und Kiesgruben. Es können kleine Flächen an vegetationsarmen Wegen oder schütter bewachsene Böschungen mit offenen Sandflächen sein oder größere, offene Stellen, an denen mehrere Weibchen ihre Nester nebeneinander anlegen. Sie sollen auch gemeinsame Nesteingänge nutzen, aber jedes Weibchen baut seine eigenen Brutzellen. Die Söhne und Töchter schlüpfen im Hochsommer (Juli) und treffen dann auf ihre alten Mütter vom vorangegangenen Jahr. Die Jungtiere paaren sich und nur die jungen Weibchen überwintern. Die Alt-Weibchen und die Männchen sterben im Herbst. Die begatteten, überwinternden Weibchen erscheinen wieder ab Ende April des Folgejahres.

Männchen der Weißbindigen Furchenbiene beim Nektartrinken am Berg-Sandglöckchen *(Jasione montana)*. Auffällig sind die zweifarbigen Fühler.

Weißbindige Furchenbienen bei der Paarung auf der Strand-Grasnelke *(Armeria maritima)*.

Furche auf dem letzten Hinterleibssegment des Weibchens von orangeroten Haaren umgeben.

Ein Männchen der Weißbindigen Furchenbiene schaut aus seinem Nest heraus.

Kuckuck: Blutbiene *(Sphecodes gibbus)*.

Verbreitung: Ganz Europa, in den Alpen und den Mittelgebirgen bis in die untere Waldzone, meist nicht höher als 550 m. Von der weltweit verbreiteten Gattung *Halictus* sind über 2500 Arten beschrieben worden, in ganz Europa etwa 85, in Mitteleuropa gibt es 28 Arten; in Deutschland 18, in der Schweiz 17.

Wissenswertes: Die Weibchen transportieren den Pollen in den Hinterschienen, den 1. Fußgliedern (Metatarsen) sowie den Körbchen an der Unterseite der Schenkel zum Nest, dabei werden auch die Seiten des Mittelsegmentes sowie die behaarte Unterseite des Abdomens miteinbezogen. Die Weißbindige Furchenbiene ist in Deutschland und der Schweiz gefährdet, sie steht auf der Roten Liste der bedrohten Arten in der Kategorie 3.

Was man tun kann: Offene, sandige Stellen schaffen, z. B., indem Sandinseln oder -beete, sogenannte Sandarien, angelegt werden. Als Standort sollte ein sonniger, warmer Platz ausgewählt werden, am besten in Südlage. Es sollte nicht kleiner als 40 x 40 cm sein. Die Grasnarbe und den Boden entfernen und mindestens 50 cm tief mit Sand auffüllen. Drainage nicht vergessen. Der Sand sollte ungewaschen sein (kein Spielsand), er kann auch mit etwas Lehm gemischt werden. Am besten einen «Förmchen-Test» machen, der geht so: feuchten Sand zu einer Kugel formen oder in eine Sandform füllen und diese umdrehen. Ist der Sand getrocknet, sollte die Kugel nicht auseinanderfallen, auch der Sand im Förmchen sollte «in Form» bleiben. Damit die Sandfläche nicht vernässt, kann sie unter einer Überdachung angelegt oder als kleiner Hügel gestaltet werden, so fließt das Wasser schneller ab. Außerhalb der Flugzeit schützt eine Abdeckung vor Regen und dem Zuwachsen der Fläche. Damit es nicht als Katzenklo zweckentfremdet wird, auf dem gut angedrückten Sand einige Brombeerranken verteilen. Wer keinen Garten hat, kann auch in einem großen, tiefen Tontopf ein Sandbeet anlegen. Auch hier sollte eine gute Drainage eingebracht werden, um Staunässe zu verhindern. Außerdem: Die Pollenquellen großflächig anpflanzen. Sämtliche Pflegemaßnahmen sollten auf die Bedürfnisse der Wildbienen angepasst werden. Hierzu zählt eine sehr späte Mahd nicht vor Oktober, damit die Jungtiere im Herbst hinreichend Futter vorfinden, am besten erst, nachdem die Tiere in ihre Überwinterungsnester abgetaucht sind.

Futterpflanzen: Polylektisch; Pollenquellen sind z. B.: Asteraceae (Korbblütler): Wiesen-Flockenblume *(Centaurea jacea)*, Skabiosen-Flockenblume *(Centaurea scabiosa)*, Gewöhnliche Wegwarte *(Cichorium intybus)*, Acker-Kratzdistel *(Cirsium arvense)*, Sumpf-Kratzdistel *(Cirsium palustris)*, Gewöhnliche Kratzdistel *(Cirsium vulgare)*, Gewöhnliches Ferkelkraut *(Hypochaeris radicata)*, Kleines Mausohrhabichtskraut *(Pilosella officinarum)*, Echte Mariendistel *(Silybum marianum)*;
Campanulaceae (Glockenblumengewächse): Berg-Sandglöckchen *(Jasione montana)*.

Als Nektarquellen dienen den Jungweibchen außerdem:
Caprifoliaceae/Dipsacaceae (Kardengewächse): Acker-Witwenblume *(Knautia arvensis)*, Tauben-Skabiose *(Scabiosa columbaria)*, Wiesen-Teufelsabbiss *(Succisa pratensis)*.

Wiesen-Flockenblume
(Centaurea jacea)

Gewöhnliche Eselsdistel
(Onopordum acanthium)

Echte Mariendistel
(Silybum marianum)

Knautien-Sandbiene

Andrena hattorfiana Fabricius 1775

Name: *Knautien*-Sandbiene nach ihrer Hauptpollenquelle *Knautia arvensis,* der Acker-Witwenblume.

Erkennungsmerkmale: Auffällige **schwarz-rote Sommerbiene**. Besonders leicht an den Futterpflanzen zu erkennen.

♀: 14–16 mm; Körperfarbe **schwarz glänzend. Körper kaum behaart,** Gesicht und Brustabschnitt am Rand weißgrau behaart. Hinterleib schwarz, aber oft rot gefärbt: **1. Hinterleibssegment an der Basis schwarz, dann rot, 2. Segment rot, beide seitlich mit je einem schwarzen Fleck**, die restlichen Segmente schwarz; **Endfranse orangebraun**. Schienenbürste zweifarbig: weiß und goldgelb.

♂: 11–14 mm; schlanker, Thorax braun-gelb; das **Gesichtsschild weiß**.

Ähnliche Arten: Es gibt einige Sandbienenarten mit rotem Hinterleib (z. B. *A. florea, A. labiata, A. marginata, A. potentillae, A. rosae, A. rufizona,*), aber durch die Bindung an Kardengewächse und die Endfranse, die bei den anderen Arten braun oder schwarz ist, unverwechselbar.

Nistweise und Habitat: Solitär; die Weibchen nisten in ebenen, nur schütter bewachsenen Flächen. Der Nesteingang ist oft unter Pflanzen versteckt. Von einem fast senkrechten Hauptgang zweigen

Ein Weibchen der Knautien-Sandbiene hat ihre Sammelbeine voll beladen mit dem rosa Pollen ihrer Futterpflanze, der Acker-Witwenblume *(Knautia arvensis).*

Phänologie: ♂ Mai bis Juni; ♀ Mai bis Mitte August

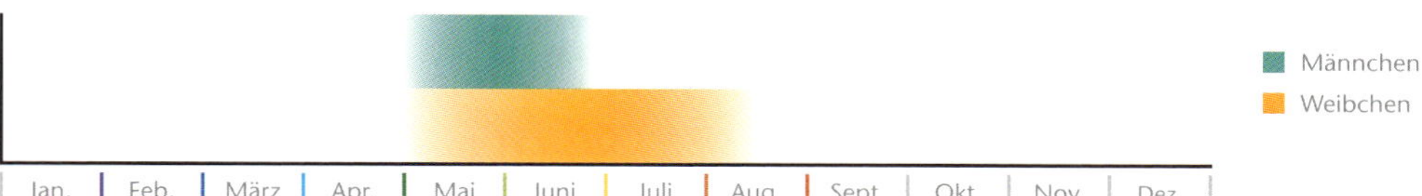

Seitengänge ab, an deren Ende in ca. 18 cm Tiefe die Brutzellen angelegt werden. Larsson & Franzén (2007) ermittelten, dass je Nachkomme im Schnitt 16 Pflanzen mit 47 Blütenständen benötigt werden. Entsprechend niedrig ist die Reproduktionsrate: Ein Weibchen kann in ihrem Leben nur 5–10 Brutzellen verproviantieren.

Kuckuck: Bedornte Wespenbiene *(Nomada armata)*. Die erwachsenen Knautien-Sandbienen können vom Fächerflügler *Stylops melittae* parasitiert werden (siehe hierzu auch bei *Andrena vaga*).

Verbreitung: Ganz Europa bis 63° nördl. Breite, in den Alpen bis 2000 m Höhe.

Wissenswertes: Als Nahrungsspezialist ist die Knautien-Sandbiene gefährdet (Rote Liste Kategorie 3 in Deutschland). Auf einer Hamburger Brachfläche wurden 1990 insgesamt 376 Acker-Witwenblumen ausgepflanzt. Seitdem beobachtet die Autorin die Bienenfauna und die Pflanzenentwicklung dort regelmäßig. Erstmalig wurden 2021, also nach über 30 Jahren, Knautien-Sandbienen auf dieser Fläche beobachtet. Die Population der Acker-Witwenblumen ist offenbar nun hinreichend groß, um für die Bienen ausreichend Futter zu liefern. Die Knautien-Sandbiene flog dort von Mitte Juni bis Ende Juli. Das Beispiel zeigt, dass es Geduld braucht, aber klappen kann, wenn es passende Trittsteine in der Landschaft gibt, über welche die Bienen einwandern können.

Das gelblich weiße Kopfschild des Männchens der Knautien-Sandbiene ist hier gut erkennbar.

Ein Weibchen der Knautien-Sandbiene hebt gerade von ihrer Futterpflanze ab. Dabei kann man die goldgelbe Endfranse und die Färbung der Hinterleibssegmente erkennen.

Weibchen der Knautien-Sandbiene an ihrer Futterpflanze.

Ein Männchen der Knautien-Sandbiene Nektar trinkend an der Acker-Witwenblume *(Knautia arvensis).*

Was man tun kann: Neben einer als Nistplatz geeigneten Fläche Futterpflanzen bereitstellen. Die Bestände der Acker-Witwenblume sind durch Umwandlung von extensiv bewirtschafteten Wiesen in Intensiv-Ackerland, Überdüngung, den Einsatz von Spritzmitteln und vor allem zu häufige Mahd stark rückläufig, daher sollten Acker-Witwenblumen in großen Mengen angepflanzt werden. Mit dem Mähen sollte gewartet werden, bis die Blüte und die Fruchtreife vorbei sind, nicht vor Oktober. Alternativ immer nur einen Teil einer Fläche abmähen, sodass noch genügend Futterpflanzen stehen bleiben. Ein komplettes Abmähen wäre der Worst Case, da die Weibchen von jetzt auf gleich kein Futter mehr finden.

Futterpflanzen: Oligolektisch; spezialisiert auf Kardengewächse (Dipsacaceae, heute eine Unterfamilie der Caprifoliaceae). Vor allem die Acker-Witwenblume *(Knautia arvensis)* wird bevorzugt, aber auch die Mazedonische Witwenblume *(Knautia macedonica)* und die Tauben-Skabiose *(Scabiosa columbaria)* sollen genutzt werden. Auf der oben erwähnten Fläche kommen Acker-Witwenblumen und Tauben-Skabiosen nebeneinander vor. Die Blütezeit von Letzterer liegt etwas später als die der Acker-Witwenblume, mit geringen Überlappungen. Allerdings konnten dort keine Besuche von Weibchen der Knautien-Sandbiene auf der Skabiose beobachtet werden. Nach Ende der Knautienblüte war auch die Bienenart verschwunden und die Tauben-Skabiose begann da erst mit der Hauptblüte.

Acker-Witwenblume *(Knautia arvensis)*, Blütenstand in der ersten, männlichen Blühphase.

Acker-Witwenblume *(Knautia arvensis)*, Blütenstand in der zweiten, weiblichen Blühphase.

Mazedonische Witwenblume *(Knautia macedonica)*, Blütenstand Ende der männlichen Blühphase.

Mazedonische Witwenblume *(Knautia macedonica)*, Blütenstand in der weiblichen Blühphase.

Tauben-Skabiose *(Scabiosa columbaria)*, Blütenstand in der ersten, männlichen Blühphase.

Tauben-Skabiose *(Scabiosa columbaria)*, Blütenstand in der zweiten, weiblichen Phase.

Garten-Wollbiene, Große Wollbiene

Anthidium manicatum Linnaeus 1758

Name: Lat. *manicatus* bedeutet *mit langen Ärmeln,* möglicherweise, weil die Beine der Männchen lang weiß behaart sind. Die Weibchen schaben Pflanzenhaare ab, klemmen diese zwischen ihre Beine und fliegen mit dem Wollknäuel zum Nest, um die Brutzellen damit auszukleiden. Daher der Name *Woll*biene.

Erkennungsmerkmale: Wespenähnliche **Körper(warn)farben schwarz-gelb.**

♀: 11–12 mm; Gesicht und Beine sind überwiegend gelb, die Grundfarbe der Tergite 1–5 ist schwarz, mit seitlichen gelben Flecken. Die Flügel sind dunkel gefärbt. Die Weibchen transportieren den gesammelten Pollen in Borsten an der Unterseite des Hinterleibes. Aufgrund dieser **Bauchbürste**, die auch Ventralscopa genannt wird, gehören sie in die Gruppe der Bauchsammlerbienen. Die **Scopa ist weißlich gelb,** was nicht zu erkennen ist, wenn sie mit Pollen gefüllt ist. **Schenkel orange**; die Füße des ersten Beinpaares besitzen Borsten, um Harz aufzunehmen.

Weibchen der Garten-Wollbiene am Heilziest *(Betonica officinalis)*. Gut zu sehen sind die orange gefärbten Schenkel.

♂: Mit 14–18 mm deutlich größer als die Weibchen! Gesicht und Beine sind schwarz, ebenso die Grundfarbe der Hinterleibssegmente. Die gelben Flecken finden sich überwiegend am Ende des Abdomens und sind uneinheitlicher als bei den Weibchen. Die Seiten der **Tergite 1–4 tragen orange Haarbüschel**. Am sechsten Tergit zu beiden Seiten

Phänologie: Die ♀ schlüpfen vor den ♂ und fliegen Mitte Mai/Anfang Juni bis September/Oktober; die ♂ Ende Mai/Anfang Juni bis Mitte September.

befindet sich je ein Dorn, das Endsegment besitzt drei Dornen («**Dreizack**»). **Tibia** und **Tarsen** sind **lang weißlich behaart**.

Ähnliche Arten: Die schwarz-gelb gefärbte Biene kann man auf den ersten Blick leicht mit einer Wespe verwechseln. Diese Warnung ist erwünscht, da sie potenziellen Feinden Wehrhaftigkeit signalisieren soll. Im Unterschied zu Wespen, sind die gelben Flecken auf dem Hinterleib der Wollbienen nicht durchgängig, sondern in der Mitte schwarz unterbrochen.
Die Spalten-Wollbiene *(Anthidium oblongatum)* sieht der Garten-Wollbiene sehr ähnlich, ist aber mit 8–10 mm (♀) bzw. 9–11 mm (♂) kleiner. Als wärmeliebende Offenlandart findet man sie z.B. auf Magerrasen. Sie fehlt in Norddeutschland.

Nistweise und Habitat: Die Weibchen bauen ihre Brutzellen in vorhandene Hohlräume jeder Art (Holzlöcher, Felsspalten, Mauerritzen, Mörtelfugen usw.), wobei sie diese mit Pflanzenwolle füllen, mit Pflanzenharz imprägnieren und nach Verproviantierung und Eiablage mit kleinen Steinchen, Holzstücken und Erdbröckchen abdecken. Man kann die Bienen häufig in Gärten und Parkanlagen beobachten und findet sie auch an Böschungen, Bahndämmen oder Waldrändern.

Kuckuck: Düsterbiene *(Stelis punctulatissima)*.

Verbreitung: Ganz Europa. Die Harz- und Wollbienen der Gattung *Anthidium* sind mit 16 Arten im deutschsprachigen Raum vertreten; 11 Arten kommen in D vor, 14 in der CH, 11 in A.

Männchen der Garten-Wollbiene Nektar trinkend am Heilziest *(Betonica officinalis)*.

Paarung der Garten-Wollbienen am Blütenstand des Rostfarbigen Fingerhuts *(Digitalis ferruginea)*.

Wissenswertes: Die Männchen zeigen ein ausgeprägtes **Revierverhalten**, sodass man sie auf ihren Patrouillenflügen gut an den Futterpflanzen der Weibchen beobachten kann. Obwohl sie unglaublich schnelle Flieger sind, können sie wie ein Kolibri in der Luft «stehen». Sobald sie ein Weibchen entdecken, stürzen sie sich auf dieses, um sich mit ihm zu paaren. Mit ihren insgesamt fünf Dornen attackieren sie eindringende Rivalen und andere Insekten, die sich ebenfalls an den Futterpflanzen der Weibchen auf der Suche nach Nahrung einfinden, selbst wenn sie größer sind als die Wollbienen-Männchen.

Was man tun kann: Sonnige Trockenmauern und Steinhaufen anlegen; Totholz mit alten Käferfraßgängen an sonniger, geschützter Stelle bereitstellen. Da sie auch verlassene Nester anderer Bienen-

Männchen der Garten-Wollbiene, Kopfschild gelb, kräftige Mandibeln, Schiene mit langen weißen Haaren.

Männchen der Garten-Wollbiene beim Ausruhen. Die gelben Flecken am Hinterleib sind schwarz unterbrochen.

arten nutzen (z.B. von Pelzbienen), diese nicht «säubern», sondern für die Nachnutzung an Ort und Stelle belassen. Geeignete Schmetterlings- und Lippenblütler in den Garten pflanzen.

Futterpflanzen: Als Pollenquellen sind Pflanzen aus den drei folgenden Familien erste Wahl:
Fabaceae (Schmetterlingsblütler): Gewöhnlicher Hornklee *(Lotus corniculatus)*, Bunte Kronwicke *(Securigera varia)*, Luzerne *(Medicago sativa)*, Gewöhnliche Hauhechel *(Ononis spinosa)*;
Lamiaceae (Lippenblütler): Heilziest *(Betonica officinalis)*, Rote Taubnessel *(Lamium purpureum)*, Schmalblättriger Lavendel *(Lavandula angustifolia)*, Filziges Herzgespann *(Leonurus marrubiastrum)*, Gewöhnlicher Andorn⁺ *(Marrubium vulgare)*, Echter Salbei *(Salvia officinalis)*, Filz-Ziest⁺ *(Stachys byzantina)*, Deutscher Ziest⁺ *(Stachys germanica)*, Sumpf-Ziest *(Stachys palustris)*, Aufrechter Ziest *(Stachys recta)*;
Plantaginaceae (Wegerichgewächse): Rostfarbiger Fingerhut *(Digitalis ferruginea)*, Wolliger Fingerhut *(Digitalis lanata)*, Roter Fingerhut *(Digitalis purpurea)*.

⁺An diesen Pflanzen finden die Weibchen **Pflanzenwolle** zum Bau der Brutzellen, außerdem an: Flockenblumen *(Centaurea)*, Echter Quitte *(Cydonia oblonga)*, Strohblumen *(Helichrysum)*, Kronen-Lichtnelke *(Lychnis coronaria)*, Greiskräutern *(Senecio)*, Königskerzen *(Verbascum)*.
Als weitere Materialien benötigen die Weibchen Pflanzenharz, um die Pflanzenwolle im Nest zu imprägnieren. Sie finden das Harz beispielsweise an den ungeöffneten Blütenknospen des Grünen Pippau *(Crepis capillaris)*.

Heilziest *(Betonica officinalis)*

Rostfarbiger Fingerhut *(Digitalis ferruginea)*

Schmalblättriger Lavendel *(Lavandula angustifolia)*

Echter Salbei *(Salvia officinalis)*

Filz-Ziest *(Stachys byzantina)*

Filz-Ziest *(Stachys byzantina)*, Wollhaare.

Gewöhnliche Löcherbiene

Heriades truncorum Linnaeus 1758

Name: Lat. *truncatus* bedeutet gestutzt, abgestutzt und bezieht sich auf das eingekrümmte Hinterleibsende der Drohnen. *Löcher*biene wohl, weil sie vorhandene Löcher in Totholz und hohlen Stängeln besiedelt.

Erkennungsmerkmale: Kleine, gedrungene Sommerbienen; Körperfarbe **schwarz, kaum behaart**.

♀: 6–8 mm; **schmale, weiße Haarfransen** am **Hinterrand** der **Rückensegmente**; Bauchbürste gelb.

♂: 6–7 mm; **Gesicht lang weiß behaart,** sonst schütter. Nur 6 Tergite, deren Ränder schmale weiße Haarbinden tragen. **Hinterleibsende eingekrümmt,** «gestutzt».

Ähnliche Arten: Von den weltweit 137 Arten der Gattung kommen im deutschsprachigen Raum drei vor: *Heriades truncorum, H. crenulatus* – Gekerbte Löcherbiene, *H. rubicola* – Stängel-Löcherbiene. Makroskopisch sind sie nicht voneinander zu unterscheiden. Die Gewöhnliche Löcherbiene ist jedoch die häufigste. Es wird empfohlen auf Makrofotos des Auges nach einem «Leopardenmuster» aus parallelen schwarzen Linien zu suchen, welches nur bei der Gekerbten Löcherbiene auftritt. An Nisthilfen kann man Löcherbienen durch den Nestverschluss aus Harz von Scherenbienen (Gattung *Chelostoma*) unterscheiden, die ihre Nester mit Lehm und kleinen Sandkörnchen verschließen.

Gewöhnliche Löcherbiene beim Paarungsversuch, links Männchen, rechts Weibchen.

Phänologie: ♂ Mitte Juni bis Anfang September; ♀ Mitte Juni bis Ende September

Nistweise und Habitat: Brutzellen werden in hohlen Pflanzenstängeln, z. B. von Brombeeren, und in vorhandenen Gängen, z. B. in Käferfraßgängen in Totholz, angelegt. Auch Nisthilfen mit Bambushalmen oder Hartholzblöcke mit Bohrungen von 3–4 mm Innendurchmesser werden genutzt. Um Brutzellen, die vorher von anderen Arten besiedelt wurden, für die eigene Brut zu verwenden, schaufeln sie den Pollenvorrat der Vormieter heraus. Die Brutzellen werden als Linienbauten angelegt. Um sie voneinander abzugrenzen, sammeln die Weibchen Baumharz. Harz wird auch zusammen mit kleinen Sandkörnern, Pflanzenmaterial und Holzfasern als Nestverschluss verwendet. Auch die Brutzellen selbst sind oft mit einer dünnen Schicht Harz ausgekleidet. Um eine einzige Brutzelle zu verproviantieren, muss das Weibchen über 30 Sammelflüge unternehmen. In ihrer etwa vierwöchigen Lebenszeit können sie im Durchschnitt acht Brutzellen versorgen. Um eine einzige Brutzelle fertigzustellen, benötigt ein Weibchen bspw. vom Weidenblättrigen Ochsenauge 1,7 Blütenstände, für acht braucht sie knapp 14! Löcherbienen leben an Waldrändern und auf Lichtungen, in Gebüschen, auf Wiesen, auch im Siedlungsbereich.

Kuckuck: Düsterbiene *(Stelis breviuscula)* und Zehnpunkt-Keulenwespe *(Sapygina decemguttata)*, Trauerschweber *(Anthrax anthrax)*.

Verbreitung: In Mitteleuropa weit verbreitet; in den Alpen bis 1600 m Höhe.

Wissenswertes: Beim Pollensammeln bewegen die Weibchen den Hinterleib auf und ab. Dabei wird der Pollen, möglicherweise mit Hilfe von elektrostatischen Aufladungen zwischen den Borsten, der Bauchbürste und den Staubbeuteln, in die Scopa

Weibchen der Gewöhnlichen Löcherbiene sammelt Pollen an der Acker-Ringelblume *(Calendula arvensis)* und füllt ihn mit dem linken Hinterbein in die Bauchbürste.

Männchen der Gewöhnlichen Löcherbiene Nektar trinkend am Raukenblättrigen Greiskraut *(Senecio erucifolius).*

Ein Weibchen der Gewöhnlichen Löcherbiene inspiziert den Nesteingang.

Ein Weibchen hat aus einem bereits besetzten Nest den Pollen und abgelegte Eier entfernt, welche nun unterhalb des Nestes liegen.

geladen. Wichtig ist, dass die Pollen liefernden Futterpflanzen in ausreichender Menge vorhanden sind und in einer erreichbaren Entfernung zum Nest wachsen, denn besonders derart kleine Wildbienen fliegen kaum weiter als 100 Meter zwischen Nest und Futterpflanzen.
Die Gattung ist nah mit den Mauerbienen verwandt, manche Autoren stellen sie daher zur Gattung *Osmia*.

Was man tun kann: Weniger «Pflege» ist hier das Zauberwort: Markhaltige Stängel (z.B. von Brombeeren, Königskerzen, Disteln) im Garten belassen und nicht «ausputzen», das ist in der Natur nicht vorgesehen. Alternativ, wenn unbedingt geschnitten werden muss, kann man die Stängel an einer vor Regen geschützten, sonnigen Stelle in den Boden stecken. Als Pollenspezialist braucht diese Wildbiene ausreichende Mengen an Korbblütlern in Nistplatznähe.

Futterpflanzen: Spezialist an Korbblütlern (Asteraceae): Wiesen-Schafgarbe *(Achillea millefolium)*, Acker-Hundskamille *(Anthemis arvensis)*, Färber-Hundskamille *(Anthemis tinctoria)*, Weidenblättriges Ochsenauge *(Buphthalmum salicifolium)*, Acker-Ringelblume *(Calendula arvensis)*, Gewöhnliche Ringelblume *(Calendula officinalis)*, Kronen-Wucherblume *(Glebionis coronaria)*, Gewöhnliche Sonnenblume *(Helianthus annuus)*, Schwertblättriger Alant *(Inula ensifolia)*, Echter Alant *(Inula helenium)*, Wiesen-Margerite *(Leucanthemum ircutianum)*, Kleine Wiesen-Margerite *(Leucanthemum vulgare)*, Echte Kamille *(Matricaria chamomilla)*, Raukenblättriges Greiskraut *(Senecio erucifolius)*, Jakob-Greiskraut *(Senecio jacobaea)*, Gewöhnlicher Rainfarn *(Tanacetum vulgare)*, Duftlose Strandkamille *(Tripleurospermum inodorum)*.

Färber-Hundskamille *(Anthemis tinctoria)*

Weidenblättriges Ochsenauge *(Buphthalmum salicifolium)*

Acker-Ringelblume *(Calendula arvensis)*

Gewöhnliche Sonnenblume *(Helianthus annuus)*

Wald-Schenkelbiene

Macropis fulvipes Fabricius 1804

Name: Lat. *fulvus* bedeutet rotgelb, braungelb, bräunlich; *pes* der Fuß, wegen der gelblich braunen Behaarung der Hinterbeine. Der deutsche Name bezieht sich auf die Lebensräume der Art.

Erkennungsmerkmale: Kleine, schwarze Bienen mit glänzendem Abdomen.

♀: 8–9 mm; Körperfarbe schwarz, Hinterleib glänzend. Sammelbürste am 3. Beinpaar: **Schiene schmutzig-weiß bis gelbbraun, Ferse** (Metatarsus) an der **Innenseite** und meist auch außen **rotbraun behaart**. Desgleichen Schiene und Ferse der Mittelbeine.

Junges Weibchen der Wald-Schenkelbiene schläft in einer Blüte des Punktierten Gilbweiderichs *(Lysimachia punctata)*. Die Scopa der Schiene am Hinterbein ist schmutzigweiß bis gelbbraun, die Ferse ist rotbraun behaart.

♂: 8 mm; Körperfarbe schwarz, Behaarung gelbbraun; **Oberlippe (Labrum) komplett gelb** (nicht schwarz wie bei *M. europaea*); **Schiene und Schenkel** der Hinterbeine verdickt (Name!).

Ähnliche Arten: Makroskopisch kaum von der verwandten Auen-Schenkelbiene *(Macropis europaea)* zu unterscheiden. Die Wald-Schenkelbiene ist geringfügig größer als ihre Verwandte. Weibchen an der Färbung der Sammelbehaarung der Hinterbeine unterscheidbar: Die Ferse der Auen-Schenkelbiene ist schwarz. Männchen nur nach Fang genau bestimmbar. Hilfreich ist das Datum der Beobachtung, denn die Wald-Schenkelbiene tritt etwa zwei bis drei Wochen vor der Auen-Schenkelbiene auf.

Phänologie: ♂ und ♀ Mitte Juni bis Ende August

Nistweise und Habitat: Solitär; die Weibchen graben ihre Gänge in unterschiedliche Böden, an Uferböschungen, Fluss- und Bachauen, Kanälen, Graben- und Waldrändern, Gärten und Parks.

Kuckuck: Schmuckbiene *(Epeoloides coecutiens).*

Verbreitung: Ganz Europa, nördl. bis Südschweden.

Wissenswertes: Die Männchen patrouillieren an Gilbweiderich-Beständen und bilden an den Blütenständen oft Schlafgemeinschaften. In den Blüten ruhen auch jungfräuliche Weibchen, die noch kein eigenes Nest gebaut haben. Die Weibchen besuchen gerne solche Blüten der Ölblumen, die noch nicht vollständig geöffnet sind, weil dort meistens noch viel Pollen und Öl vorhanden ist (zu Öl produzierenden Gilbweiderichblüten siehe auch *Macropis europaea*). Um dabei nicht ihre Pollenladung an den nach vorne ragenden, engen Kronblättern abzustreifen und zu verlieren, strecken sie die Hinterbeine in bizarrer Weise nach oben. Eine schlüssigere Erklärung für dieses Verhalten ist allerdings ein Abwehren allzu aufdringlicher Männchen, da Weibchen dieses Verhalten auch zeigen, wenn ihre Sammelbürsten leer sind.

Was man tun kann: Gilbweidericharten pflanzen sowie vielfältige Nektarquellen anbieten.

Männchen der Wald-Schenkelbiene beim Nektartrinken an der Acker-Kratzdistel *(Cirsium arvense)*. Gut zu sehen sind die verdickten Schenkel und Schienen der Hinterbeine.

Drei Männchen der Wald-Schenkelbiene haben sich zum Schlafen an der Futterpflanze der Weibchen eingefunden. Das gelbe Labrum ist beim Männchen links gut zu sehen.

Männchen der Wald-Schenkelbiene bilden eine Schlafgemeinschaft am Punktierten Gilbweiderich *(Lysimachia punctata)*.

Männchen der Wald-Schenkelbiene beim Abflug.

Männchen der Schmuckbiene *(Epeoloides coecutiens)* Nektar trinkend am Berg-Sandglöckchen *(Jasione montana).*

Futterpflanzen: Streng oligolektisch; Pollen wird exklusiv an drei Gilbweidericharten *(Lysimachia)* gesammelt. Die Schenkelbienen können nicht ohne Gilbweiderich existieren und umgekehrt sind die Pflanzen auf die Bestäubung durch die Bienen angewiesen.

Primulaceae (Primelgewächse): Hauptpollenquellen, wegen Flugzeit und Lebensraum: Pfennigkraut *(Lysimachia nummularia)*, Punktierter Gilbweiderich *(Lysimachia punctata)*, Gewöhnlicher Gilbweiderich *(Lysimachia vulgaris)*. Andere Arten der Gattung *Lysimachia* sind keine Ölblumen.

Da Gilbweiderichblüten keinen Nektar bilden, werden zusätzlich Nektarquellen benötigt. Hierbei bedienen sie sich einer größeren Bandbreite an Pflanzenarten, z. B.:

Apiaceae (Doldenblütler): Flachblättriger Mannstreu *(Eryngium planum);*

Geraniaceae (Storchschnabelgewächse): Sumpf-Storchschnabel *(Geranium palustre);*

Lamiaceae (Lippenblütler): Gewöhnlicher Wolfstrapp *(Lycopus europaeus)*, Echter Dost od. Oregano *(Origanum vulgare);*

Caprifoliaceae/Dipsacaceae (Kardengewächse): Wiesen-Teufelsabbiss *(Succisa pratensis).*

Pfennigkraut *(Lysimachia nummularia)*

Punktierter Gilbweiderich *(Lysimachia punctata)*, Blütenstand.

Punktierter Gilbweiderich *(L. punctata)*, Einzelblüte.

Platterbsen-Mörtelbiene

Megachile ericetorum Lepeletier 1841

Name: Griech. *mega* groß, *cheilos* Lippe, bezieht sich auf die langen, schaufelartig verbreiterten Mandibeln; *ericetum* Heide, einer der Lebensräume dieser Art. Platterbsen gehören zu den bevorzugten Futterpflanzen.

Erkennungsmerkmale: Mittelgroße Biene mit oberseits leicht abgeflachtem, **sehr beweglichem Hinterleib**. Alle *Megachile*-Arten haben zwei etwa gleich große Cubitalzellen im Vorderflügel.

♀: 12–15 mm; Körperfarbe braunschwarz, mit **breiten, dicht anliegenden, hellbraungelben, durchgehenden Haarbinden** an den Enden der Hinterleibssegmente, letztes Segment filzig; **gesamte Bauchbürste rötlich gelb**.

♂: 11–14 mm; Körperfarbe braunschwarz bis schwarz, Behaarung weiß oder bräunlich, mit durchgehenden Binden auf den Tergiten. **Vordertarsen** überwiegend rötlich, mit **langen weißen Fransen**. Letztes Fühlerglied abgeflacht.

Ähnliche Arten: *Megachile-willughbiella*-Männchen unterscheiden sich durch ihre stark verbreiterten, an Krebsscheren erinnernden, weißlichen Vordertarsen, mit viel längeren weißen Haaren. Der Hinterleib ihrer Weibchen ist plumper und ihre Scopa ist an den letzten beiden Bauchgliedern schwarz.

Ein Weibchen der Platterbsen-Mörtelbiene besucht eine Blüte der Blauen Indigolupine *(Baptisia australis)*.

Phänologie: ♂ Mitte Juni bis Ende Juli; ♀ Mitte Juni bis Ende Juli/Anfang August

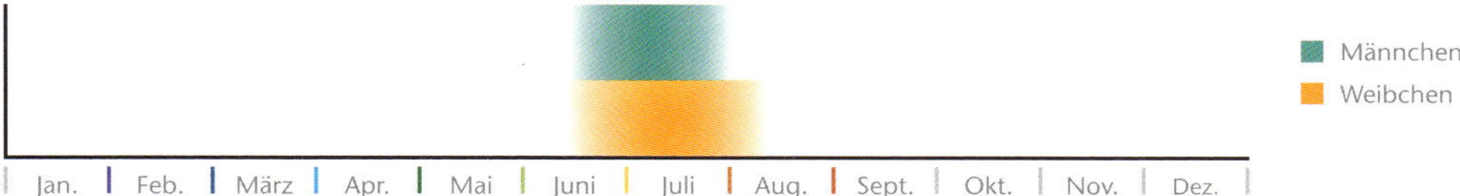

Nistweise und Habitat: Solitär. In der Gattung gibt es zwei verschiedene Nestbautypen: Die weniger behaarten Vertreter der Gattung, die Blattschneiderbienen, nutzen Blüten- und Blattstücke zum Tapezieren ihrer Brutzellen. Mörtelbienenweibchen bauen die Brutzellen aus mineralischem Substrat. Diese wärmeliebende Platterbsen-Mörtelbiene fertigt zylindrische Brutzellen aus Lehm- oder Sandmörtel hintereinander in Hohlräumen an, wie z. B. in aufgegebenen Pelzbienennestern, Hohlräumen in Abbruchkanten, Steilwänden und Böschungen oder Holz, auch in Mauerritzen. Als Schutz gegen Feuchtigkeit werden sie innen mit einer dünnen Schicht aus Harz versiegelt. Lebensräume sind nährstoffarme Biotope wie Dünen, Heiden, Sandmagerrasen, Sand- und Lehmgruben, Brachen, Gärten.

Kuckuck: Kegelbiene *(Coelioxys aurolimbata).*

Verbreitung: Ganz Europa, Finnland bis Nordafrika, östlich bis Zentralasien; vornehmlich unter 500 m. In Europa knapp 70 Arten, im deutschsprachigen Raum rund 20.

Wissenswertes: Bienen der Gattung *Megachile* winkeln in Blüten ihren Hinterleib oft schräg nach oben ab. Dabei kann man bei den Weibchen gut die Bauchbürste erkennen, in welcher der Pollen zum Nest transportiert wird. Die Männchen suchen auf ihren Patrouillenflügen um die Futterpflanzen nach Weibchen, man kann sie daher dort gut beobachten.

Ein vergreistes Männchen der Platterbsen-Mörtelbiene ruht sich an einer Platterbsenblüte aus. Man beachte die rötlichen Vorderfüße mit langen weißen Haaren.

Ein Männchen der Platterbsen-Mörtelbiene am Filz-Ziest *(Stachys byzantina).*

Ein Weibchen der Platterbsen-Mörtelbiene Nektar trinkend am Filz-Ziest *(Stachys byzantina)*. Auffallend sind die hellen, dichten Haarbinden am Hinterleib.

Was man tun kann: Mehr Natur im Garten zulassen! Viele Schmetterlingsblütler pflanzen. Da die Platterbsen-Mörtelbienen Nektar auch an Pflanzenarten tanken, die zu anderen Familien gehören, sollten auch solche Arten angepflanzt werden. Nisthilfen aus Bambushalmen, Lehmwände und Hohlziegel mit Hohlräumen und Innendurchmesser von ca. 6 mm können angeboten werden. Werden die Nisthilfen erstmalig Mitte Mai aufgehängt, können sie nicht von früher fliegenden Wildbienenarten besiedelt werden und bleiben zur Nutzung für die Blattschneiderbienen frei.

Futterpflanzen: Oligolektisch an Fabaceae (Schmetterlingsblütler): Blaue Indigolupine *(Baptisia australis)*, Weiße Indigolupine *(Baptisia alba)*, Gewöhnlicher Blasenstrauch *(Colutea arborescens)*, Verschiedenblättrige Platterbse *(Lathyrus heterophyllus)*, Breitblättrige Platterbse *(Lathyrus latifolius)*, Gartenwicke od. Wohlriechende Platterbse *(Lathyrus odoratus)*, Wald-Platterbse *(Lathyrus sylvestris)*, Knollen-Platterbse *(Lathyrus tuberosus)*, Gewöhnlicher Hornklee *(Lotus corniculatus)*, Weißer Steinklee *(Melilotus albus)*, Gewöhnliche Hauhechel (*Ononis spinosa*, reine Pollenblume, bietet keinen Nektar), Feuerbohne *(Phaseolus coccineus)*, Garten-Erbse *(Pisum sativum)*, Bunte Kronwicke *(Securigera varia)*, Weiß-Klee *(Trifolium repens)*.

Nektar wird neben Schmetterlingsblütlern auch an Lippenblütlern und Raublattgewächsen getrunken, wie z. B. Gewöhnliche Ochsenzunge *(Anchusa officinalis)*, Gewöhnlicher Natternkopf *(Echium vulgare)*, Schmalblättriger Lavendel *(Lavandula angustifolia)*, Gewöhnlicher Andorn *(Marrubium vulgare)*, Muskateller-Salbei *(Salvia sclarea)*, Filz-Ziest *(Stachys byzantina)*.

Gewöhnliche Ochsenzunge *(Anchusa officinalis)*

Gewöhnlicher Natternkopf *(Echium vulgare)*

Gartenwicke *(Lathyrus odoratus)*

Breitblättrige Platterbse *(Lathyrus latifolius)*

Gewöhnliche Hauhechel *(Ononis spinosa)*

Garten-Erbse *(Pisum sativum)*

Garten-Blattschneiderbiene, Totholz-Blattschneiderbiene

Megachile willughbiella Kirby 1802

Name: Griech. *mega* groß, *cheilos* Lippe, bezieht sich auf die langen, schaufelartig verbreiterten Mandibeln; *willughbiella* nach dem Ornithologen Francis Willughby; *Blattschneider*biene, da die Weibchen ihre Brutzellen aus abgeschnittenen Blatt- oder Blütenblattteilen formen.

Erkennungsmerkmale: Körperfarbe schwarz, Kopf und Thorax (frisch) bräunlich gelb behaart. Hinterleib in beiden Geschlechtern oft typisch schräg in die Höhe gestreckt.

♀: 12–15 mm; Hinterleib oben abgeflacht, **Abdomen kurz, breit, in der Mitte am breitesten**, Tergit 1–3 lang beige, 4–6 kürzer schwarz behaart; schmale Endbinden an Tergiten 3–5 oder 4–5. Bauchsammlerin: **Scopa orange**, aber an der **Hinterleibsspitze** (Sternit 4–6) **schwarz**. Tibia und Metatarsus der Hinterbeine verbreitert.

♂: 13–14 mm; Tergit 2–4 mit Endbinden, auf Tergit 2 unterbrochen, Tergit 4–5 schwarz behaart; Abdomen lang braungelb behaart, die beiden letzten Segmente nach unten eingekrümmt. Stark **verbreitertes Fersenglied** am 1. Beinpaar, breiter als die Schiene, **weiß** mit **auffälligem Kamm weißer Fransen, so breit wie der Metatarsus**. Die Innenseite der Vorderschenkel mit typisch **dünnen, gebogenen schwarzen Streifen**. Fühler schwarz, **letztes Fühlerglied rundlich verbreitert**, wie plattgedrückt.

Ein Weibchen der Garten-Blattschneiderbiene an der Gewöhnlichen Hauhechel *(Ononis spinosa)*. Man beachte die mit Pollen gefüllte Bauchbürste.

Phänologie: ♂ und ♀ Juni bis September. Es wird eine 2. Generation ab Mitte August vermutet.

Ähnliche Arten: Im Gebiet kommen insgesamt fünf große *Megachile*-Arten vor, bei denen die Männchen mehr oder weniger verbreiterte Vorderbeintarsen mit langer, weißlicher Behaarung aufweisen. Die Fühlerendglieder der Weidenröschen-Blattschneiderbiene *(Megachile lagopoda)* sind jedoch nicht rundlich verbreitert. Die Schwarzbürstige Blattschneiderbiene *(Megachile maacki)* ist extrem selten, bei ihr sind die Enden der Fühler rotbraun gefärbt. Bei der Dünen-Blattschneiderbiene *(Megachile maritima)* und der Zottigen Blattschneiderbiene *(Megachile circumcincta)* ist der Fransenkamm der Vorderbeintarsen schmaler, auch sind bei Letzterer die Vordertarsen nicht so stark verbreitert.

Nistweise und Habitat: Solitär, zuweilen kommunal. Die Weibchen nagen ihre Brutzellen in Totholz und nutzen auch vorhandene Käferfraßgänge in morschem Holz oder unter Rinde, aber auch in vorgefundenen Hohlräumen, wie Mauerritzen, Nisthilfen oder im Boden. Mit ihren Mandibeln schneiden sie Stücke aus Blüten- oder Laubblättern heraus und formen kleine, tönnchenförmige Brutzellen innerhalb der Hohlräume. Die Nachkommen überwintern darin als Ruhelarve. Die Art lebt an Waldrändern, in Gärten und Parks, in denen Totholz vorhanden ist.

Ein Männchen der Garten-Blattschneiderbiene in typisch abgeknickter Körperhaltung.

Ein altes Weibchen der Garten-Blattschneiderbiene an der Gewöhnlichen Hauhechel *(Ononis spinosa)*.

Kuckuck: Kegelbienen *(Coelioxys quadridentata, C. elongata)*.

Verbreitung: Gesamtes Mitteleuropa, in Südeuropa nur in höheren Lagen, in den Alpen bis 2000 m.

Wissenswertes: Die kreisrunden Blüten- und Blattstücke werden zu einer Rolle geformt, die zwischen Beine und Unterleib geklemmt zum Nest transportiert wird. Hieraus bauen die Weibchen einen kleinen Hohlkörper, in den sie Pollen und Nektar eintragen, anschließend ein Ei darauflegen, und den Zugang mit einem überhängenden Blattlappen verschließen. Auf diese Weise werden dort mehrere Brutzellen hintereinander angelegt, und das ganze Nest wird am Ende auch mit Blattteilen verschlossen. Im Garten ist die Bienenart als Bestäuber sehr willkommen, unter Rosenzüchtern jedoch weniger, da die Weibchen die Blattstücke besonderes gerne aus Rosenblättern ausschneiden. Allerdings sind die «Schäden» äußerst gering.

Ein Männchen der Garten-Blattschneiderbiene hat in einem alten Käferfraßgang Unterschlupf gefunden. Man beachte die verbreiterten Fersen der Vorderbeine.

Was man tun kann: Totholz im Garten an geschützter, sonniger Stelle liegen lassen. Leider werden abgestorbene Laubbäume viel zu schnell entsorgt. Dass manche Menschen Totholz im Garten als «unordentlich» ansehen, muss man ignorieren bzw. sollte versuchen der Nachbarschaft den Sinn und Zweck dieser Maßnahme zu erklären. Während der Flugzeit auf ein ausreichendes Blütenangebot achten.

Futterpflanzen: Polylektisch; nutzt viele verschiedene Pollenlieferanten, wie u.a.:
Asteraceae (Korbblütler): Gewöhnliche Kratzdistel *(Cirsium vulgare);*
Boraginaceae (Raublattgewächse): Garten-Borretsch *(Borago officinalis);*
Campanulaceae (Glockenblumengewächse): Pfirsichblättrige Glockenblume *(Campanula persicifolia)*, Hängepolster-Glockenblume *(Campanula poscharskyana)*, Rundblättrige Glockenblume *(Campanula rotundifolia)*, Nesselblättrige Glockenblume *(Campanula trachelium);*
Crassulaceae (Dickblattgewächse): Felsen-Fetthenne *(Sedum rupestre);*
Fabaceae (Schmetterlingsblütler): Gewöhnlicher Wundklee *(Anthyllis vulneraria)*, Weiße Indigolupine *(Baptisia alba)*, Färber-Ginster *(Genista tinctoria)*, Breitblättrige Platterbse *(Lathyrus latifolius)*, Wohlriechende Platterbse od. Gartenwicke *(Lathyrus odoratus)*, Knollen-Platterbse *(Lathyrus tuberosus)*, Gewöhnlicher Hornklee *(Lotus corniculatus)*, Gewöhnliche Hauhechel *(Ononis spinosa)*, Kriechende Hauhechel *(Ononis repens)*, Weiß-Klee *(Trifolium repens);*
Lamiaceae (Lippenblütler): Strauchiges Brandkraut *(Phlomis fruticosa);*
Onagraceae (Nachtkerzengewächse): Schmalblättriges Weidenröschen *(Epilobium angustifolium).*

Gewöhnlicher Wundklee *(Anthyllis vulneraria)*

Weiße Indigolupine *(Baptisia alba)*

Garten-Borretsch *(Borago officinalis)*

Schmalblättriges Weidenröschen *(Epilobium angustifolium)*

Breitblättrige Platterbse *(Lathyrus latifolius)*

Strauchiges Brandkraut *(Phlomis fruticosa)*

Berg-Zottelbiene, Große Zottelbiene

Panurgus banksianus Kirby 1802

Name: *Zottel*biene, wegen der langen, zotteligen Behaarung der Sammelbürste der Weibchen. *Berg*-Zottelbiene, da sie vorwiegend im Gebirge anzutreffen ist. *Große* Zottelbiene im Vergleich zur kleineren Stumpfzähnigen Zottelbiene.

Erkennungsmerkmale: Im Unterschied zur ähnlichen Gattung *Andrena* (Sandbienen, mit drei Cubitalzellen) Vorderflügel mit nur zwei annähernd gleich großen Cubitalzellen, Radialzelle am Ende gestutzt; kurze, keulige Antennen (Gattungsmerkmale). Mittelgroße, schwarz glänzende Sommerbienen mit rautenförmigem Hinterleib; Körperfarbe schwarz. Mit Ausnahme des Kopfes, kaum behaart.

Ein Weibchen der Berg-Zottelbiene mit pollengefüllter Beinbürste.

♀: 10–12 mm; bis auf die **langen, dichten, zotteligen, gelblichen, gewellten Sammelhaare** an den Hinterbeinen, schwarz. Hinterleib abgeflacht.

♂: 10–12 mm; auffallend **großer, eckiger Kopf**, breiter als der Thorax. Gesicht lang, struppig, schwarz behaart. Endfranse schwarz.

Ähnliche Arten: Weltweit gibt es über 30 *Panurgus*-Arten, im deutschsprachigen Raum kommen drei vor: Stumpfzähnige Zottelbiene (*P. calcaratus*, ♀: 7–9 mm, ♂: 6–9 mm) und Spitzzähnige Zottelbiene (*P. dentipes*, ♀: 7–9 mm, ♂: 8–9 mm). Beide sind kleiner und dadurch von der Berg-Zottelbiene leicht unterscheidbar. Die besonders wärmeliebende Art *P. dentipes* ist in Deutschland bislang ausschließlich im Bereich des Rheingrabens gefunden worden.

Phänologie: ♂ Mitte/Ende Juni bis Mitte August; ♀ Ende Juni bis Mitte August

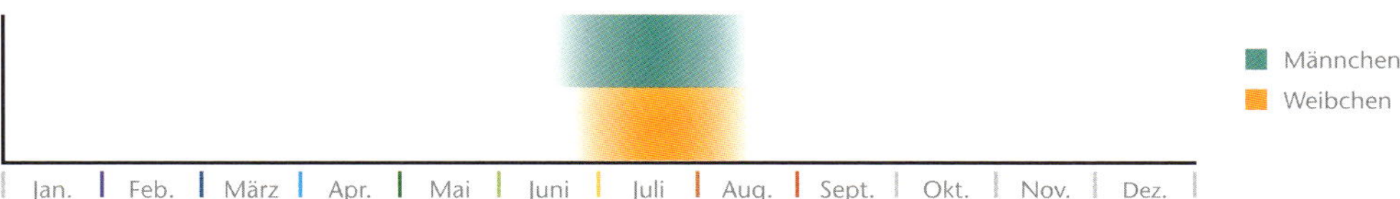

Nistweise und Habitat: Im Gegensatz zu *P. calcaratus* lebt diese Art solitär. Die Weibchen nisten im Boden an vegetationslosen oder spärlich bewachsenen Stellen von Berg- und Magerwiesen, Waldrändern und Ruderalstellen in Halbtrocken- und Trockenrasen, Sandgebieten, trockenen Bergwiesen und Felsfluren. Die Berg-Zottelbiene baut zwei verschiedene Nesteingänge: einen offensichtlichen Fake-Eingang, mit einem deutlichen Auswurfhügel, um die in ihren Nestern parasitierenden Wespenbienen in die Irre zu führen, und einen versteckten, echten Eingang. Eine Generation pro Jahr.

Kuckuck: Die Wespenbiene *Nomada similis.*

Verbreitung: In ganz Mitteleuropa; in den Alpen bis 2000 m Höhe.

Wissenswertes: Die meisten Futterpflanzen sind nur bis mittags geöffnet und schließen ihre Blütenköpfchen bereits am frühen Nachmittag. Oft kann man später am Tag oder am frühen Morgen die Männchen schlafend in den Blütenständen entdecken.

Was man tun kann: Lückige, offene Bodenstellen zulassen. Lebensraum für die Futterpflanzen bieten, und sie gezielt fördern. Keine Mahd während der Blüte.

Männchen der Berg-Zottelbiene mit dem typischen rautenförmigen Umriss des Hinterleibs.

Am Körper dieses Männchens der Berg-Zottelbiene klebt viel Pollen vom Gewöhnlichen Ferkelkraut *(Hypochoeris radicata)*, der beim Besuch des nächsten Blütenstandes derselben Pflanzenart auf die Narben der Blüten übertragen werden kann.

Hinterbein des Weibchens der Berg-Zottelbiene mit Scopa aus langen, goldgelben Haaren.

Männchen der Berg-Zottelbiene am Schlafplatz in einem Blütenstand des Herbst-Schuppenlöwenzahns *(Scorzoneroides autumnalis)*.

Futterpflanzen: Spezialist an zungenblütigen Korbblütlern *(Asteraceae)* wie: Gewöhnliche Wegwarte *(Cichorium intybus)*, Wiesen-Pippau *(Crepis biennis)*, Gewöhnliches Habichtskraut *(Hieracium lachenalii)*, Dolden-Habichtskraut *(Hieracium umbellatum)*, Zottiges Habichtskraut *(Hieracium villosum)*, Gewöhnliches Ferkelkraut *(Hypochaeris radicata)*, Rauer Löwenzahn *(Leontodon hispidus)*, Grauer Löwenzahn *(Leontodon incanus)*, Nickender Löwenzahn *(Leontodon saxatilis)*, Gewöhnliches Bitterkraut *(Picris hieracioides)*, Kleines Mausohrhabichtskraut *(Pilosella officinarum)*, Herbst-Schuppenlöwenzahn *(Scorzoneroides autumnalis)*, Garten-Schwarzwurzel *(Scorzonera hispanica)*.

Dolden-Habichtskraut *(Hieracium umbellatum)*

Zottiges Habichtskraut *(Hieracium villosum)*

Gewöhnliches Ferkelkraut *(Hypochaeris radicata)*

Garten-Schwarzwurzel *(Scorzonera hispanica)*

Stumpfzähnige Zottelbiene, Kleine Zottelbiene

Panurgus calcaratus Scopoli 1763

Name: Lat. *calcaratus* bedeutet «sporntragend» und bezieht sich auf einen entsprechenden stumpfen Anhang an den Beinen der Männchen. *Kleine* Zottelbiene im Vergleich zur größeren *P. banksianus.*

Erkennungsmerkmale: Kleine, gedrungene Sommerbienen; Körperfarbe **schwarz, glänzend**; Kopf schütter und lang behaart, sonst fast kahl.

♀: 7–9 mm; **Scopa** an den Hinterbeinen **lang gelblich behaart**.

♂: 8–9 mm; mit **deutlich großem, breitem Kopf**, der oft breiter als der Thorax ist. Kopf dicht und lang, struppig, schwarz behaart. **Hinterleibsende eingekrümmt**, «gestutzt». Hinterschienen gebogen, zum Schenkel hin schmal, zum Fuß hin keulig verdickt. Unterseiten der Hinterschenkel besitzen mittig einen abgestumpften Sporn (nur mit einer Stereolupe sichtbar).

Paarungsversuch der Stumpfzähnigen Zottelbienen auf dem Gewöhnlichen Ferkelkraut *(Hypochaeris radicata)*.

Ähnliche Arten: Die Stumpfzähnige Zottelbiene ist die häufigste Art, die aufgrund der geringen Körpergröße nur mit der sehr viel selteneren *P. dentipes* verwechselt werden kann. Die Arten unterscheiden sich in der Runzelung des Propodeums und in der Punktierung der Endränder der Tergite, was ohne Binokular nicht zu erkennen ist. Die Männchen der Spitzzähnigen Zottelbiene *(P. dentipes)* besitzen auch einen, mit bloßem Auge nicht sichtbaren, Sporn, der aber spitzer ist und am Schenkelring sitzt.

Phänologie: ♂ und ♀ Juni bis September

Nistweise und Habitat: Selbstgegrabene Hohlräume in schütter bewachsenen oder vegetationsfreien Flächen in verschieden großen Aggregationen. Nester werden an sonnigen und trockenen Wegrändern, Ruderalstellen und Magerwiesen bevorzugt in sandigen Böden angelegt. Kommunale Nistweise, bei der bis zu zehn Weibchen zwar im selben Nest leben, aber jeweils am Ende eigener Gänge ihre individuellen Brutzellen bauen und versorgen. Der gemeinsame Nesteingang wird nicht bewacht, sodass die Kuckucksbienen, ohne aufgehalten zu werden, hineinspazieren können. Der Hauptgang teilt sich in bis zu fünf Seitengänge. Die Brutzellen liegen etwa in 25 cm Tiefe. Damit die Larven im Winter nicht erfrieren, werden die Seitengänge mit Sand aufgefüllt. Die Larve spinnt keinen Kokon und überwintert als Ruhelarve.

Kuckuck: Schwarzfühler-Wespenbiene *(Nomada fuscicornis)*.

Verbreitung: In Mitteleuropa weit verbreitet, besonders in tieferen Lagen, in den Alpen bis 1600 m Höhe.

Wissenswertes: Wie alle Zottelbienen robben die Weibchen sich bei der Pollenernte seitlich liegend durch die Zungenblüten von Korbblütlern und werden dabei am ganzen Körper mit Pollen eingestäubt. Der Pollen wird anschließend in die Haarbürste der Schienen und Fersen der Hinterbeine umgelagert und darin sicher zum Nest transportiert. Während des Blütenbesuchs der Weibchen kommt es zu Paarungsversuchen durch die Männchen, die an den Futterpflanzen patrouillieren.

Weibchen der Stumpfzähnigen Zottelbiene.

Das Männchen der Stumpfzähnigen Zottelbiene auf dem Gewöhnlichen Ferkelkraut *(Hypochaeris radicata).*

Weibchen der Stumpfzähnigen Zottelbiene Nektar trinkend an der Kronen-Wucherblume *(Glebionis coronaria).*

Das Männchen der Stumpfzähnigen Zottelbiene fällt durch seinen breiten Kopf auf.

Was man tun kann: Zungenblütige Korbblütler pflanzen und auf Beet- und Rasenflächen zulassen. Möglichst während der Blütezeit nicht mähen, oder gestaffelt mähen, zumindest einen blühenden Teil stehen lassen, damit den Bienen nicht schlagartig ihre Lebensgrundlage genommen wird. Da die Geburtsnester im Folgejahr wieder benutzt werden, sollte der Boden an den Nistplätzen nicht umgegraben werden, kann jedoch von Wildkräutern befreit werden. Die Nester erkennt man leicht an dem Erdhäufchen am Eingang.

Futterpflanzen: Spezialist an Korbblütlern (Asteraceae): Wiesen-Schafgarbe *(Achillea millefolium)*, Acker-Hundskamille *(Anthemis arvensis)*, Färber-Hundskamille *(Anthemis tinctoria)*, Weidenblättriges Ochsenauge *(Buphthalmum salicifolium)*, Acker-Ringelblume *(Calendula arvensis)*, Gewöhnliche Ringelblume *(Calendula officinalis)*, Wiesen-Pippau *(Crepis biennis)*, Kronen-Wucherblume *(Glebionis coronaria)*, Gewöhnliche Sonnenblume *(Helianthus annuus)*, Kleines Mausohrhabichtskraut *(Pilosella officinarum)*, Dolden-Habichtskraut *(Hieracium umbellatum)*, Schwertblättriger Alant *(Inula ensifolia)*, Echter Alant *(Inula helenium)*, Wiesen-Margerite *(Leucanthemum ircutianum)*, Kleine Wiesen-Margerite *(Leucanthemum vulgare)*, Echte Kamille *(Matricaria chamomilla)*, Gewöhnliches Bitterkraut *(Picris hieracioides)*, Raukenblättriges Greiskraut *(Senecio erucifolius)*, Jakob-Greiskraut *(Senecio jacobaea)*, Gewöhnlicher Rainfarn *(Tanacetum vulgare)*, Duftlose Strandkamille *(Tripleurospermum inodorum)*.

Gewöhnliche Ringelblume *(Calendula officinalis)*

Wiesen-Pippau *(Crepis biennis)*

Kronen-Wucherblume *(Glebionis coronaria)*

Kleine Wiesen-Margerite *(Leucanthemum vulgare)*

Rainfarn-Herbstsandbiene

Andrena denticulata Kirby 1802

Name: Lat. *denticulatus* bedeutet mit kleinen Zähnen versehen. Rainfarn-Herbstsandbiene nach der vorwiegenden Futterpflanze, dem Rainfarn *(Tanacetum vulgare)*, sowie ihrer spätsommerlichen Flugzeit.

Erkennungsmerkmale: Mittelgroße, schwarz-weiße Sommerbienen. Besonders leicht am Rainfarn zu beobachten.

♀: 10–12 mm; Körperfarbe schwarz mit weißgelblicher Behaarung auf Gesicht sowie seitlich und an der Unterseite des Brustabschnitts. **Scheitel und Thorax oben mittig schwarz behaart**. Hinterleib breit, schwarz mit durchgehenden beigeweißen Binden am Ende der Segmente 2–4. **Endfranse schwarz**. Schenkel der Hinterbeine gelbgrau behaart, Haarbürste an der Außenseite der Schiene zweifarbig: oben dunkelbraun, unten gelblich braun.

♂: 8–10 mm; kleiner als die Weibchen; Körperfarbe schwarz mit weißer Behaarung auf Gesicht und Brustabschnitt; das Gesichtsschild (Clypeus) weiß. Breiter Kopf mit **auffallend langen Mandibeln**.

Ähnliche Arten: Aufgrund der Flugzeit und der Spezialisierung auf Korbblütler kaum mit einer anderen Bienenart zu verwechseln. Allerdings ähneln sich die Weibchen der fünf Arten *A. denticulata*, *A. fuscipes* (Heide-Spezialist), *A. nigriceps* (extrem selten), *A. simillima* (länger und struppiger, eher

Andrena denticulata, Weibchen an Rainfarn *(Tanacetum vulgare)*.

Phänologie: ♂ Anfang/Mitte Juli bis Mitte September; ♀ Mitte/Ende Juli bis Mitte September

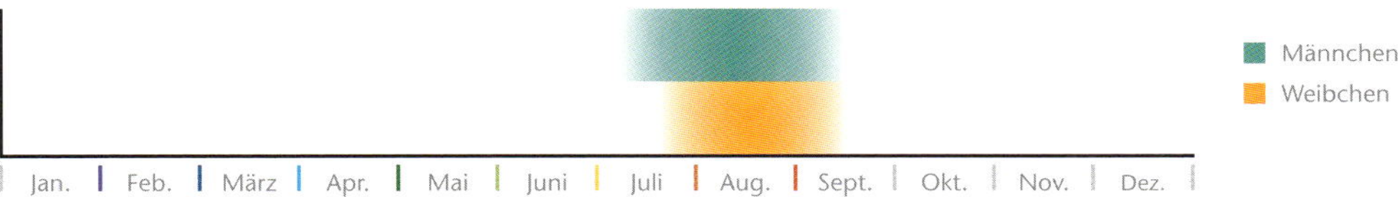

bräunlich behaart) und *A. tridentata* hinsichtlich der Abdomenbehaarung und der Hintertibien. Letztere sind charakteristisch dreieckig geformt, was man allerdings nur erkennen kann, wenn kein Pollen geladen ist. Auch ähneln die Weibchen denen von *A. flavipes*, die jedoch etwas größer ist und der die schwarzen Haare auf dem Thorax fehlen. Männchen ohne Binokular nicht unterscheidbar.

Nistweise und Habitat: Solitär; die Weibchen nisten in lehmigen Sandböden unterschiedlicher Habitate, wie Sandgruben, an Waldrändern, auch in Ruderalfluren, offenem Grasland, Wiesen und Gärten. Die Rainfarn-Herbstsandbiene ist in Deutschland nur mäßig häufig und steht auf der Vorwarnliste, in der Schweiz sogar Kategorie 2 der Roten Liste der gefährdeten Arten, dort ist sie also stark gefährdet.

Kuckuck: Vermutet werden die Rotbeinige Wespenbiene *(Nomada rufipes)* und evtl. *Nomada roberjeotiana.*

Verbreitung: Ganz Europa von Spanien (Höhe Bilbao) bis Norwegen (südlich des Polarkreises).

Wissenswertes: Wer im Juli/August den Rainfarn beobachtet, kann diese Biene leicht entdecken, da sie durch ihre dunkle Körperfärbung einen starken Kontrast zu den gelben Blütenständen bildet.

Andrena denticulata, Männchen Nektar trinkend an der Kronen-Wucherblume *(Glebionis coronaria)*. Die Flügeladerung mit drei Cubitalzellen ist hier gut zu sehen.

Andrena denticulata, Weibchen an Wiesen-Schafgarbe *(Achillea millefolium)*.

Andrena denticulata, Weibchen bei der Pollenernte an der Gewöhnlichen Kratzdistel *(Cirsium vulgare)*.

Andrena denticulata, Männchen Nektar trinkend am Jakob-Greiskraut *(Senecio jacobaea)*.

Was man tun kann: Da die Weibchen oligolektisch sind und den Pollen für ihre Nachkommen ausschließlich an Korbblütlern sammeln, ist es wichtig, dass diese in ausreichender Menge vorhanden sind. Daher sollten ihre Futterpflanzen angepflanzt werden. Darüber hinaus ist es wichtig, blühende Flächen erst *nach* der Blüte und Ausbildung der Früchte zu mähen. Alternativ kann abschnittsweise gemäht werden. Für die Rainfarn-Herbstsandbiene gilt dies natürlich insbesondere bei solchen Standorten, die mit Rainfarn und anderen Korbblütlern bewachsen sind.

Futterpflanzen: Spezialist auf Korbblütlern *(Asteraceae)*, vor allem auf Rainfarn *(Tanacetum vulgare)* und anderen gelbblühenden Korbblütlern, wie Gewöhnliches Ferkelkraut *(Hypochaeris radicata)*, Gewöhnliches Bitterkraut *(Picris hieracioides)*, Herbst-Schuppenlöwenzahn *(Scorzoneroides autumnalis)*, Jakob-Greiskraut *(Senecio jacobaea)*, Gewöhnliche Goldrute *(Solidago virgaurea)*. Auch auf der Wiesen-Schafgarbe *(Achillea millefolium)*, Flockenblumen (z. B. *Centaurea jacea*), Gewöhnlicher Wegwarte *(Cichorium intybus)*, Acker-Kratzdistel *(Cirsium arvense)*, Gewöhnlicher Kratzdistel *(Cirsium vulgare)*, Duftloser Strandkamille *(Tripleurospermum inodorum)*.

Wiesen-Schafgarbe *(Achillea millefolium)*

Gewöhnliche Kratzdistel *(Cirsium vulgare)*

Rainfarn *(Tanacetum vulgare)*

Duftlose Strandkamille *(Tripleurospermum inodorum)*

Buckel-Seidenbiene

Colletes daviesanus Smith 1846

Name: Der markante Buckel ist namensgebend für diese Seidenbienenart. Da sie die häufigste Art der Gattung in Mitteleuropa ist, wird sie auch als *Gemeine* (im Sinne von «allgemein verbreitet») Seidenbiene bezeichnet.

Erkennungsmerkmale: Mittelgroße Sommerbienen, die an Korbblütlern zu finden sind. Kopf und Thorax sind bräunlich weiß behaart. Der **Hinterleib ist zugespitzt** und trägt **ockerfarbene Filzbinden**.

♀: 8–9 mm; Gesicht dicht weiß behaart; durch die schütteren Haare des Rückens ist ein **glänzender Buckel** erkennbar. Das gesamte erste Hinterleibssegment trägt eine lange, schüttere Behaarung. Die breiten Endbinden der Tergite sind ockerfarben, die des ersten Segmentes ist mittig breit unterbrochen.

♂: 7–9 mm; ähnlich wie die Weibchen, aber die Binden der Hinterleibssegmente sind alle durchgehend; die Tergite 2–5 tragen schüttere, lange, beige Haare.

Ähnliche Arten: Drei sehr ähnliche Arten sind allesamt Korbblütler-Spezialisten und auf diesen von Juni bis September gut zu entdecken. Ohne optische Hilfsmittel (Binokular) können sie nicht voneinander unterschieden werden, da hierzu u. a. die Punktierung des Körpers genauer betrachtet werden muss.

Älteres Weibchen der Buckel-Seidenbiene auf dem Rainfarn *(Tanacetum vulgare)*.

Phänologie: ♂ Juli bis Ende September; ♀ Ende Juli bis Ende September

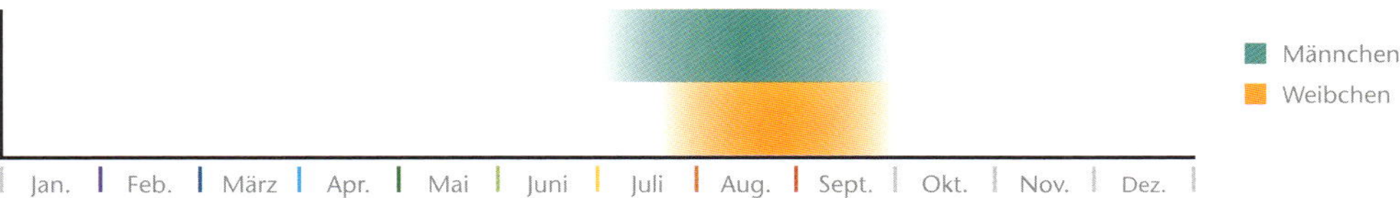

Die Weibchen der Filzbindigen Seidenbiene *(Colletes fodiens)* sind mit 9–11 mm geringfügig größer als die Buckel-Seidenbiene (die Männchen beider Arten sind etwa gleich groß). Die dichtere Behaarung ist etwas heller als bei der Buckel-Seidenbiene. Das erste Hinterleibssegment trägt nur an den Seiten eine schüttere Behaarung. Endbinden sind auffallend breit.
Die Rainfarn-Seidenbiene *(Colletes similis)* ist die kleinste der drei Arten (♀: 6–7 mm, ♂: 5–7 mm). Ihre Körperbehaarung ist bei frisch geschlüpften Tieren dunkler und der Thorax rostrot, die Endbinden sind breiter und weiß. *Colletes daviesanus* ist nicht gefährdet; *Colletes fodiens* und *Colletes similis* sind gefährdet, Rote Liste Kategorie 3.

Nistweise und Habitat: Solitär; die Weibchen graben selbst eigene Nester in Steilwänden. Da Mauern und auch künstliche Nisthilfen mit lehmigen Substraten ähnliche Eigenschaften wie Steilwände aufweisen, werden sie ebenfalls besiedelt. Das Material muss jedoch so locker sein, dass die Weibchen es bearbeiten können.

Kuckuck: Gewöhnliche Filzbiene *(Epeolus variegatus).*

Verbreitung: Häufige Art in ganz Mitteleuropa mit weiter Verbreitung.

Männchen der Buckel-Seidenbiene Nektar trinkend auf dem Rainfarn *(Tanacetum vulgare).*

Älteres Weibchen der Buckel-Seidenbiene auf dem Rainfarn *(Tanacetum vulgare)*. Gut sichtbar ist der spitz zulaufende Hinterleib.

Weibchen der Filzbindigen Seidenbiene *(Colletes fodiens)*. Sie ist etwas größer, dichter und heller behaart als die Buckel-Seidenbiene und ihre sehr hellen, filzigen Hinterleibsbinden sind viel breiter.

Die Gewöhnliche Filzbiene *(Epeolus variegatus)* lebt als Kuckucksbiene bei verschiedenen Seidenbienen. Hier sieht man das Weibchen.

Ein Männchen der Gewöhnlichen Filzbiene *(Epeolus variegatus)*.

Wissenswertes: Die Männchen findet man dort, wo die Weibchen den Pollen für ihre Brutzellen sammeln, auf Blütenständen von Rainfarn und anderen Korbblütlern. Hier ziehen sie ihre schnellen Bahnen, um gelegentlich Nektar zu tanken.

Was man tun kann: Rainfarn und andere Korbblütler anpflanzen. Frühestens mähen, wenn die Früchte der Futterpflanzen ausgereift sind. Alternativ: Immer einen breiten Streifen ungemäht lassen; hier muss auch darüber nachgedacht werden, Ruderalstellen als solche zu belassen und nicht «in Kultur» zu nehmen oder zu bebauen. Wer Nisthilfen zur Verfügung stellen möchte, kann senkrechte sandig-lehmige Wände/Mauern bauen (kein Beton, darin kann nicht gegraben werden!), die nach Osten ausgerichtet sein sollten. Es werden auch Ziegel mit Bohrlöchern von ca. 5–7 mm Durchmesser besiedelt.

Futterpflanzen: Oligolektisch auf Asteraceae (Korbblütler), besonders häufig auf dem Rainfarn *(Tanacetum vulgare)*, aber auch Gold-Schafgarbe *(Achillea filipendulina)*, Wiesen-Schafgarbe *(Achillea millefolium)*, Färber-Hundskamille *(Anthemis tinctoria)*, Sand-Strohblume *(Helichrysum arenarium)*, Echte Kamille *(Matricaria chamomilla)*, Jakob-Greiskraut *(Senecio jacobaea)*, Duftlose Strandkamille *(Tripleurospermum inodorum)*.

Gold-Schafgarbe *(Achillea filipendulina)*

Sand-Strohblume *(Helichrysum arenarium)*

Echte Kamille *(Matricaria chamomilla)*

Jakob-Greiskraut *(Senecio jacobaea)*

Salzaster-Seidenbiene

Colletes halophilus Verhoeff 1944

Name: Griech. *halos* Salz und *-phil* liebend, also salzliebend, was sich auf den salzhaltigen Lebensraum der Seidenbienenart, die Meeresküsten, bezieht; der deutsche Name bezieht sich auf die wichtigste Pollen liefernde Futterpflanze, die Strand- bzw. Salzaster *(Tripolium pannonicum)*.

Erkennungsmerkmale: Am leichtesten durch die späte Flugzeit, den speziellen Blütenbesuch und den typischen Lebensraum anzusprechen.

♀: 10–12 mm; **Kopf** und **Brustabschnitt** mit **dichtem, braunem Pelz**; **Hinterleib schwarz glänzend**; Tergite mit **schmalen, weißlichen Endbinden**, am 1. Tergit nur seitlich, am 2. mit Basalbinde.

♂: 8–11 mm; ähnlich wie die Weibchen, aber alle **Binden heller** und **alle durchgehend**.

Ähnliche Arten: Am leichtesten ist die Art mit der etwas kleineren Efeu-Seidenbiene *(Colletes hederae)* zu verwechseln, welche jedoch im Lebensraum der Salzaster-Seidenbiene nicht vorkommt. Sie ähnelt auch der etwas größeren Heidekraut-Seidenbiene *(Colletes succinctus)*, welche allerdings auf Heidekraut spezialisiert ist.

Nistweise und Habitat: Solitär; die Weibchen graben eigene Nester in lockeren Sandboden auf horizontalen Flächen, auch in Aggregationen. Als Charakterart der Küstendünen und Salzwiesen nistet sie erstaunlicher Weise im winterlich überfluteten Bereich.

Weibchen der Salzaster-Seidenbiene an der Acker-Gänsedistel *(Sonchus arvensis)*.

Phänologie: ♂ Juli bis Ende September; ♀ Ende Juli bis Ende September

Kuckuck: Filzbienen *(Epeolus variegatus, E. tarsalis).*

Verbreitung: Nur an den Küsten der Nord- und Ostsee.

Gefährdung: Rote Liste Deutschland: extrem selten.

Wissenswertes: Ein wichtiges Merkmal aller Seidenbienen ist ihre kurze, sehr breite, zweilappige, bürstenartige Zunge. Mit ihr verstreichen die Weibchen ein Sekret aus zwei Drüsen (Dufour'sche und Speicheldrüsen) auf die Innenseiten der Brutzellen, welches an der Luft erhärtet («Zwei-Komponenten-Kleber», besteht aus makrozyklischen Lactonen, sog. Laminester). Diese *seiden*artige, wasserfeste Beschichtung ist mit einer Art Verschluss ausgestattet, der den Ausgang abdichtet. Die hauchdünne, unlösliche Auskleidung umgibt die sich entwickelnden Nachkommen, wie eine zellophanartige Schutzhülle. Das ist sicher gerade bei dieser Seidenbienenart hilfreich, wegen ihrer im Winter teilweise überfluteten Nistplätze, und ein interessantes Material für neue bionische Anwendungen!

Was man tun kann: Die Salzaster-Seidenbiene ist in Deutschland extrem selten, in der Schweiz und in Österreich kommt sie nicht vor. Ihr hilft nur der Schutz der Küstenlebensräume. Nistplätze sollten möglichst nicht betreten werden. Die Urlaubsorte könnten Touristen auf diese seltene Bienenart aufmerksam machen, so kann die Akzeptanz erhöht werden, die Nistplätze nicht zu betreten. Für ausreichend große Futterpflanzenbestände ist zu sorgen.

Männchen der Salzaster-Seidenbiene Nektar trinkend an der Acker-Gänsedistel *(Sonchus arvensis).*

Weibchen der Salzaster-Seidenbiene in einem Blütenstand der Acker-Gänsedistel *(Sonchus arvensis)*.

Frontalansicht eines Männchens der Salzaster-Seidenbiene.

Ein Männchen der Gewöhnlichen Filzbiene *(Epeolus variegatus)* trinkt Nektar am Jakob-Greiskraut *(Senecio jacobaea)*.

Futterpflanzen: Oligolektisch auf Asteraceae (Korbblütler), Hauptfutterpflanze ist die von Juni bis Oktober zartviolett blühende Strand- bzw. Salzaster *(Tripolium pannonicum)*. Es werden auch Nickender Löwenzahn *(Leontodon saxatilis)*, Gewöhnliches Bitterkraut *(Picris hieracioides)* und Acker-Gänsedistel *(Sonchus arvensis)* genutzt.

Als Nektarquellen werden auch Doldenblütler und Kreuzblütler aufgesucht. Zur Flugzeit der Salzaster-Seidenbiene blüht bspw. an der Nordseeküste im Lebensraum der Bienen der Meersenf *(Cakile maritima)*.

Nesteingang der Salzaster-Seidenbiene mitten im Sand.

Strandaster *(Tripolium pannonicum)*

Acker-Gänsedistel *(Sonchus arvensis)*

Acker-Gänsedistel *(Sonchus arvensis)*

Meersenf *(Cakile maritima)*

Meersenf *(Cakile maritima)*

Meersenf *(Cakile maritima)*

Wegwarten-Hosenbiene, Raufuß-Hosenbiene

Dasypoda hirtipes Fabricius 1793

Name: Sowohl der aus dem Griechischen stammende Gattungsname *Dasypoda* (*dasys* rau, *podi* Fuß) als auch das Artepitheton *hirtipes* (lat. *hirtus* rau, *pes* Fuß) bedeutet Raufuß. Deutscher Name: Sowohl die Weibchen, als auch die Männchen ruhen sich häufig in den Blütenständen der Wegwarte *(Cichorium intybus)* aus, an der die Weibchen Pollen als Larvenfutter sammeln. Wegen der auffälligen Sammelbürste der Weibchen sieht es aus, als hätte die Biene Pluderhosen an, daher der deutsche Name *Hosen*biene.

Ein Weibchen der Wegwarten-Hosenbiene auf der Wiesen-Flockenblume *(Centaurea jacea)*. Ohne Pollen ist die Haarbürste des rechten Hinterbeins aus langen, braunen Haaren gut zu sehen. Charakteristisch auch die weißen Haarbinden am Hinterleib und die braunschwarze Endfranse.

Erkennungsmerkmale: Kräftige, große Tiere, die insgesamt **stark behaart** sind. Flügel mit zwei Cubitalzellen, die zweite kleiner als die erste (Gattungsmerkmal).

♀: 12–15 mm; leicht erkennbar an der **beachtlichen gelborangen Sammelbürste** (Scopa) an den Hinterbeinen. Hier sind die Schienen und Metatarsen auffällig lang behaart und bilden, zusammen mit einem Körbchen an der Unterseite der Hinterschenkel, die Einrichtung zum Pollentransport (Beinsammler). Körper sonst dicht, braungelb behaart, die **Endfranse am letzten Segment ist schwarz behaart**. Die **Hinterleibssegmente** tragen **schmale, weiße Binden**. Das Abdomen ist am Ende breiter als am Brustabschnitt.

Phänologie: ♂ Anfang/Mitte Juli bis Ende September; ♀ Mitte Juni bis Ende September

♂: 12–15 mm; die dichte gelbbraune bis weißliche **Körperbehaarung** ist ausgeprägt **lang und besonders struppig**, insbesondere auch die Hinterschienen. Daher wohl der Name *Raufuß*-Hosenbiene. Kopf und Brustunterseite sind weißlich, Brustoberseite gelbbraun, zentrale Rückenplatten schwarz behaart. Beine lang und dünn.

Ähnliche Arten: In Deutschland gibt es drei weitere, jedoch noch seltenere Arten der Gattung; zwei können an den bevorzugten Futterpflanzen der Weibchen erkannt werden: *Dasypoda argentata*, die Skabiosen-Hosenbiene, und *D. suripes*, die Knautien-Hosenbiene, sind auf Kardengewächse spezialisiert. *D. morawitzi* wurde erst 2007 neu für Mitteleuropa im östlichen Brandenburg und in Österreich im Burgenland beschrieben. Die Endfranse auf dem fünften Rückensegment ist bei *D. argentata* und *D. suripes* nicht schwarz, sondern orangegelb.

Nistweise und Habitat: Solitär, aber dort, wo ausgedehnte sandige, vegetationsarme Flächen es erlauben, auch gesellig. Sie leben in Sand- und Kiesgruben, sandigen Ruderalflächen oder Bahndämmen, auch in Sandfugen zwischen Gehwegplatten. An vegetationsarmen Wegen, auch dort, wo durch Begehen der Boden etwas verdichtet ist, eher auf horizontalen als stark geneigten Flächen. Weibchen graben ihre Nester in sandige Böden bis 60 cm tief. Vom Hauptgang aus werden ein bis mehrere Brutzellen gegraben, die nach Verproviantierung und Eiablage wieder zugeschüttet werden.

Zwei Männchen der Wegwarten-Hosenbiene bilden eine Schlafgemeinschaft auf dem Blütenstand eines Berg-Sandglöckchens *(Jasione montana)*. Gut zu sehen ist die struppige Behaarung der Hinterschiene (linkes Tier).

Ein Weibchen der Wegwarten-Hosenbiene beim Pollensammeln auf dem Gewöhnlichen Ferkelkraut *(Hypochaeris radicata)*. Die imposanten Beinbürsten werden während der Pollenernte nach hinten oben gestreckt.

Ein Weibchen der Wegwarten-Hosenbiene beim Nestgraben im sandigen Boden.

Kuckuck: Unbekannt, aber die Fliege *Miltrogramma oestraceum* aus der Familie der Fleischfliegen *(Sarcophagidae)* legt ihre Eier an den Pollenvorrat, der für die Nachkommen der Hosenbiene bestimmt ist. Die Fliegenlarven fressen den Pollen, sodass der Proviant für die Bienenlarve nicht mehr ausreicht, und sie verhungert.

Verbreitung: In Mitteleuropa bis 63° nördl. Breite, wurde bis 1600 m Höhe nachgewiesen.

Wissenswertes: Diese Hosenbiene ist zwar die häufigste Art der Gattung, sie kommt aber nur in Sandgebieten vor; da diese immer weniger werden, gehen ihre Nistplätze stark zurück. In Deutschland ist sie noch ungefährdet, aber selten und steht auf der Vorwarnliste. In der Schweiz ist sie gefährdet.
Früh aufstehen lohnt sich! Da ihre Futterpflanzen, wie die Wegwarte *(Cichorium intybus)*, oft bereits mittags ihre Blütenköpfchen schließen, müssen die Weibchen schon früh am Morgen aktiv sein, um ausreichend Pollen zu sammeln. Anders als die meisten anderen Bienenarten kann man die Hosenbienen daher bereits ab 7^{00} Uhr morgens beobachten.

In den Sammelhaaren können pro Sammelflug etwa 40 mg Pollen transportiert werden. Der zunächst trockene Pollen wird in der Brutzelle mit hervorgewürgtem Nektar vermischt und zu einer kleinen Kugel von 230–350 mg geformt. Diese sitzt mit nur drei kleinen Sockeln auf dem Boden der Brutzelle auf. So wird verhindert, dass der Futtervorrat verpilzt, denn eine weitere Imprägnierung der Brutzelle erfolgt nicht. Pro Tag kann ein Weibchen eine Brutzelle verproviantieren. Dazu benötigt ein Weibchen etwa vier Stunden, während derer sie sechs bis zehn Sammelflüge unternimmt. Auf den Proviant wird jeweils ein Ei gelegt. Nachdem die Larve geschlüpft ist, frisst sie den Vorrat auf und überdauert dann den Winter als Ruhelarve. Die Weibchen verbringen die Nächte in ihren Nestern, die Männchen schlafen oft zu mehreren zusammen in Blütenständen.

Was man tun kann: Offene Sandflächen schaffen, vorhandene schützen und ausreichend zungenblütige Korbblütler als Futter pflanzen.

Futterpflanzen: Oligolektisch, auf Asteraceen (Korbblütler) spezialisiert, insbesondere Taxa der Unterfamilie der Cichorioideae, die ausschließlich Zungenblüten im Blütenköpfchen tragen, wie: Gewöhnliche Wegwarte *(Cichorium intybus)*, Wiesen-Pippau *(Crepis biennis)*, Habichts- und Mausohrhabichtskräuter *(Hieracium, Pilosella)*, Gewöhnliches Ferkelkraut *(Hypochaeris radicata)*, Bitterkräuter *(Picris)*, Herbst-Schuppenlöwenzahn *(Scorzoneroides autumnalis)*, Greiskräuter *(Senecio)*, Gänse-Disteln *(Sonchus)*. Auch an Pflanzen aus der Unterfamilie der Carduoideae, wie Kornblume *(Cyanus segetum)*, Wiesen-Flockenblumen *(Centaurea jacea)*, Skabiosen-Flockenblume *(Centaurea scabiosa)*, Kratzdisteln *(Cirsium arvense, C. palustris, C. vulgare)*.

Wegwarte *(Cichorium intybus)*

Acker-Kratzdistel *(Cirsium arvense)*

Sumpf-Kratzdistel *(Cirsium palustre)*

Kornblume *(Cyanus segetum)*

Orangerotes Mausohrhabichtskraut *(Pilosella aurantiaca)*

Kleines Mausohrhabichtskraut *(Pilosella officinarum)*

Auen-Schenkelbiene

Macropis europaea Warnke 1973

Name: Lat. *europaea* bezieht sich auf die Verbreitung der Art, der deutsche Name auf ihre Lebensräume. Für den Namen *Schenkel*biene gibt es zwei Erklärungen: Erstens die verdickten Schenkel der Männchen, zweitens die mit Pollen und Öl gefüllten Sammelbürsten der Hinterbeine der Weibchen.

Erkennungsmerkmale: Hinterleib kurz und rundlich, **glänzend**; Flügel dunkel.

♀: 8–9 mm; Körperfarbe schwarz, Kopf und Brust braun behaart, Hinterleib am Ende mit **schmalen gelblich weißen Haarbinden**. Sammelbürste am 3. Beinpaar: **Schiene weiß, Ferse** (Metatarsus) Außen- und Innenseite **schwarz behaart.** Der Kontrast soll einen Signaleffekt bei der Paarung haben.

♂: 8–9 mm; Körperfarbe schwarz, Kopf und Brust gelbgrau behaart, **Gesicht gelb**, **Labrum** z. T. oder ganz **schwarz**; **Schenkel** und **Schiene verdickt** (Name!), Tergit 7 **zapfenartig** verlängert.

Ähnliche Arten: Weibchen makroskopisch von der verwandten Wald-Schenkelbiene *(Macropis fulvipes)* an der Färbung der Behaarung der Hinterbeine zu unterscheiden: Die Ferse ist bei dieser rotbraun. Das ist allerdings nur erkennbar, wenn sie nicht bis obenhin mit Pollen-Öl-Gemisch gefüllt sind. Männchen nur nach Fang bestimmbar, da die Farbe des Labrums kaum mit bloßem Auge erkennbar ist. Bei der Auen-Schenkelbiene ist es z. T. schwarz, bei der

Weibchen der Auen-Schenkelbiene. Man beachte das 3. Beinpaar mit der weiß behaarten Schiene und der schwarz behaarten Ferse.

Phänologie: ♂ und ♀ Anfang Juli bis Ende August

Wald-Schenkelbiene gelb. Hilfreich ist das Datum der Beobachtung, denn die Wald-Schenkelbiene tritt etwa zwei bis drei Wochen vor der Auen-Schenkelbiene auf.

Nistweise und Habitat: Solitär; die Weibchen graben ihre Gänge in unterschiedliche Böden, besonders in Feuchtgebieten in der Nähe ihrer Futterpflanzen. Die Nester sind gut unter Moos oder anderen Pflanzen versteckt. Ihre unterirdischen Gänge sind verzweigt oder unverzweigt und enden in der Regel mit einer oder zwei Brutzellen, die nur wenige Zentimeter unter der Erdoberfläche liegen. Das gesammelte Pflanzenöl (s. u.) wird nicht nur mit Pollen gemischt als Larvenfutter in die Brutzellen eingetragen, sondern auch zum Imprägnieren der Brutzellen verwendet. Dadurch werden die Nachkommen vor Feuchtigkeit und Schimmelbefall geschützt, und so haben die Nester eine gewisse Hochwassertoleranz.

Kuckuck: Schmuckbiene *(Epeoloides coecutiens).*

Verbreitung: Ganz Europa, nördl. bis Südschweden.

Wissenswertes: Der Gewöhnliche Gilbweiderich *(Lysimachia vulgaris)* ist essenziell für diese Schenkelbienenart. Neben Pollen sammeln die Weibchen auch das fette Öl* (kein ätherisches!), welches in zwei- bis dreitausend Drüsenhaaren an der Außenseite der Filamentröhre der Blüten gebildet wird. Öl sezernierende Blüten kommen sonst nur in den

Männchen der Auen-Schenkelbiene an der Acker-Kratzdistel *(Cirsium arvensum).* Gut erkennbar sind die verdickten Schenkel und Schienen des rechten Hinterbeins.

Weibchen der Auen-Schenkelbiene streckt während des Blütenbesuchs die mit Pollen und Öl voll gefüllten Hinterbeine nach oben.

Weibchen Auen-Schenkelbiene beim Ölsammeln am Gewöhnlichen Gilbweidrich *(Lysimachia vulgaris)*.

Kuckucksbiene: Männchen der Schmuckbiene *(Epeoloides coecutiens)* Nektar trinkend an Heide-Nelke *(Dianthus deltoides)*.

Tropen vor. Zum Ölsammeln haben *Macropis*-Weibchen an den Innenseiten der Füße von Vorder- und Mittelbeinen spezielle Haare ausgebildet. Hiermit wird das Öl kapillar eingesaugt, anschließend an den Haarbürsten der Hinterbeine abgestreift, und mit dem Pollen vermischt zum Nest gebracht. Um eine einzige Brutzelle zu verproviantieren sind 50–60 mg Pollen-Öl-Gemisch nötig. Pro Sammelflug können ca. 10 mg transportiert werden, sodass ein Weibchen 5–6-mal die Sammelbürsten komplett füllen muss. Um die Brutzellen von innen zu imprägnieren, gibt es reine Ölsammelflüge, bei denen die Tiere im Flug keinen einzigen Tropfen Öl aus den Haaren verlieren. Zusammen mit der Tatsache, dass die Haarbürsten wiederholt be- und entladen werden können, wurden sie zur Vorlage für eine bionische Entwicklung spezieller Teppiche. Diese sollen ausgetretenes Öl aufsaugen und so die Schäden nach Tankerunfällen verringern.

Was man tun kann: Gilbweiderich-Arten pflanzen sowie die Nektarquellen anbieten.

Futterpflanzen: Streng oligolektisch am Gewöhnlichen Gilbweiderich *(Lysimachia vulgaris)*, Primulaceae (Primelgewächse).
Da die Gilbweiderich-Blüten keinen Nektar bilden, benötigten die Bienen weitere Pflanzen als Energielieferanten. Hierbei bedienen sie sich einer größeren Bandbreite an Pflanzenarten:
Asteraceae (Korbblütler): Acker-Kratzdistel *(Cirsium arvense)*, Sumpf-Kratzdistel *(Cirsium palustre)*, Flachblättriger Mannstreu *(Eryngium planum);*
Geraniaceae (Storchschnabelgewächse): Sumpf-Storchschnabel *(Geranium palustre);*
Lamiaceae (Lippenblütler): Gewöhnlicher Wolfstrapp *(Lycopus europaeus)*, Echter Dost od. Oregano *(Origanum vulgare);*
Lythraceae (Blutweiderichgewächse): Gewöhnlicher Blutweiderich *(Lythrum salicaria);*
Caprifoliaceae/Dipsacaceae (Kardengewächse): Wiesen-Teufelsabbiss *(Succisa pratensis)*.

*Fette Öle bestehen aus dem dreiwertigen Alkohol Glyzerin und damit veresterten Fettsäuren. Fette Öle hinterlassen Fettflecke. Ätherische Öle, die den charakteristischen Duft bestimmter Blüten hervorrufen, sind immer Gemische aus unterschiedlichen chemischen Komponenten, wie z. B. Alkohole, Aldehyde, Ketone, Terpene. Sie gehen leicht in den «Äther» über, sind somit leicht flüchtig und hinterlassen keine Flecken.

Flachblättriger Mannstreu *(Eryngium planum)*

Fenchel *(Foeniculum vulgare)*

Sumpf-Storchschnabel *(Geranium palustre)*

Gewöhnlicher Gilbweiderich *(Lysimachia vulgaris)*

Gewöhnlicher Gilbweiderich *(Lysimachia vulgaris)*

Echter Dost *(Origanum vulgare)*

Glockenblumen-Sägehornbiene

Melitta haemorrhoidalis Fabricius 1775

Name: Griech. *melitta* ist der altgriechische Name mit der gleichen Bedeutung wie *Melissa*, also Biene. Der Name *Sägehorn*biene stammt von den wie «gesägt» aussehenden Fühlergliedern.

Erkennungsmerkmale: Da alle Sägehornbienen Futterspezialisten sind, sind die **Futterpflanzen** ein gutes Erkennungskriterium, im Fall der Glockenblumen-Sägehornbiene sind es Glockenblumen *(Campanula)*. Es handelt sich um mittelgroße Bienen, mit schwarzer Körpergrundfarbe und überwiegend gelbbraunem Haarkleid; in den Alpen sollen vollständig schwarz behaarte Individuen vorkommen. Im Flügel sind drei Cubitalzellen: Die erste ist die größte, die zweite die kleinste. Die Radialzelle ist zugespitzt, ihre Spitze liegt am Flügelrand.

Weibchen der Glockenblumen-Sägehornbiene im Anflug auf eine Glockenblumenblüte. Gut zu sehen ist die typisch orange Endfranse am Ende des Hinterleibs.

♀: 11–13 mm; Kopf und Thorax gelbbraun behaart, schmale weiße Binden auf dem Hinterleib, die auch fehlen können; **Hinterleibssegmente 5–6** und die **Scopa** der Hinterschienen und -fersen **orangebraun oder fuchsrot behaart,** ebenso die **Endfranse**. Auf dem letzten Hinterleibssegment ist eine **unbehaarte dreieckige Stelle** (Pygidialfeld) deutlich erkennbar.

♂: 11–12 mm; am Ende **knotige, wie gesägt aussehende Fühlerglieder**. Behaarung gelblich braun, Haarbinden am Hinterleib nur undeutlich.

Ähnliche Arten: Ähneln den Sandbienen *(Andrena)*, bei denen die Weibchen Haarlocken an Hüfte und Schenkelring der Hinterbeine tragen, die der Säge-

Phänologie: ♂ Anfang Juli bis Mitte August; ♀ Mitte Juli bis Anfang September

hornbiene fehlen, ebenso fehlen ihr die für Sandbienenweibchen typischen Filzflecken an der Augeninnenseite (Fovea fascialis). In Deutschland kommen sechs Arten vor, in der Schweiz und Österreich je fünf. Die nahverwandte Blutweiderich-Sägehornbiene *(Melitta nigricans)* ist auf Blutweiderich-Arten (z. B. *Lythrum salicaria*) spezialisiert.

Nistweise und Habitat: Solitär; in sandigen Böden an vegetationsarmen Standorten. Über die genaue Anlage der Nester und Brutzellen ist bislang nichts bekannt. Hier bedarf es weiterer Untersuchungen. Man trifft sie an Wald- und Wegrändern, Hecken, Gebüschen, Halbtrockenrasen, Wiesen, Weiden, Parks und Gärten an, wo größere Glockenblumenbestände vorkommen.

Kuckuck: Wespenbienen *(Nomada emarginata, N. flavopicta)*.

Verbreitung: Ganz Süd- und Mitteleuropa.

Wissenswertes: Die Männchen, die keine Nester anlegen, in die sie sich nachts oder bei schlechtem Wetter zurückziehen können, nutzen Glockenblumen als Unterschlupf und Schlafstätte. Wenn man am frühen Morgen vorsichtig die Blüten umdreht, kann man mit etwas Glück einen oder mehrere noch starre Schläfer beobachten. Die Männchen nutzen auch Malven- und Bechermalvenblüten als Schlafplatz. Da sie an den Futterpflanzen der Weibchen patrouillieren, kann man sie dort gut beobachten. Die Weibchen vermischen den

Männchen der Glockenblumen-Sägehornbiene ruht sich an einer Glockenblumenblüte aus. Erkennbar die gesägten Fühler, die der Gattung ihren Namen gaben.

Zwei Männchen der Glockenblumen-Sägehornbiene haben sich zum Schlafen in einer Malvenblüte getroffen.

Glockenblumenpollen mit Nektar und transportieren ihn in der Scopa der Hinterschienen und -fersen zum Nest (Feucht- und Beinsammler).

Was man tun kann: Pflanzen Sie Glockenblumen, Glockenblumen und noch mal Glockenblumen! Die glockenförmigen Blüten sind nicht nur eine besondere Augenweide, sondern größere Glockenblumenbestände, mit mindestens 30 bis 40 Pflanzen sind auch eine gute Voraussetzung für die erfolgreiche Ansiedlung dieser Wildbienenart. Glockenblumen sind vormännlich, das bedeutet, dass zunächst der Pollen (der «männliche» Teil der Blüte) präsentiert wird, die Narbenäste sind noch geschlossen. Die Staubbeutel, in denen der Pollen gebildet wird, öffnen sich bereits in der noch ge-

Weibchen der Glockenblumen-Sägehornbiene landet in einer Glockenblumenblüte. Gut erkennbar ist die fuchsrote Behaarung der Hinterschienen und -fersen sowie der Endfranse.

Die Kuckucksbiene *Nomada flavopicta* parasitiert bei verschiedenen Arten der Gattung *Melitta*.

schlossenen Blüte nach innen und geben den Blütenstaub auf sog. «Fegehaare» an der Außenseite des Griffels ab. Diese Art der Pollendarbietung wird als sekundäre Pollenpräsentation bezeichnet (im Vergleich zur primären, bei welcher der Pollen direkt an den Staubblättern dargeboten wird). Bei der Öffnung der Blüte wird der Pollen von den Bienen aus dieser Griffelbürste abgeholt. Erst danach öffnen sich die drei Narbenlappen an der Spitze des Griffels und werden empfängnisfähig für den Pollen, der von anderen Blüten, die sich gerade in der männlichen Phase befinden, kommt. Diese scheinbar etwas komplizierte Bestäubungsart verhindert weitestgehend, dass sich die Blüten selbst bestäuben. Fremdbestäubung ist nämlich vorteilhaft, denn sie trägt zur Vergrößerung des Genpools der Population bei, und macht die Nachkommen fit fürs Überleben. Nur wenn gar keine Bestäubung stattgefunden hat, krümmen sich die Narbenlappen bis zur Griffelbürste zurück und können mit dort liegengebliebenem Pollen notfalls noch Nachkommen erzeugen. Selbstbestäubung ist dann immer noch besser als gar keine.

Futterpflanzen: Als Glockenblumenspezialistin ist das Weibchen zum Pollensammeln zwingend auf das Vorhandensein von Glockenblumen angewiesen. Campanulaceae (Glockenblumengewächse), z. B.: Knäuel-Glockenblume *(Campanula glomerata)*, Wiesen-Glockenblume *(C. patula)*, Pfirsichblättrige Glockenblume *(C. persicifolia)*, Acker-Glockenblume *(C. rapunculoides)*, Rapunzel-Glockenblume *(C. rapunculus)*, Rundblättrige Glockenblume *(C. rotundifolia)*, Nesselblättrige Glockenblume *(C. trachelium)*.

Knäuel-Glockenblume
(Campanula glomerata)

Pfirsichblättrige Glockenblume
(Campanula persicifolia)

Rapunzel-Glockenblume
(Campanula rapunculus)

Rundblättrige Glockenblume
(Campanula rotundifolia)

Nesselblättrige Glockenblume
(Campanula trachelium)

Nesselblättrige Glockenblume
(Campanula trachelium)

Blutweiderich-Sägehornbiene

Melitta nigricans Alfken 1905

Name: Lat. *nigricans* bedeutet schwärzlich und bezieht sich auf die dunkle Körperbehaarung; der deutsche Name bezieht sich auf die Pollenquelle.

Erkennungsmerkmale: Als einzige **Pollenquelle** wird der Gewöhnliche **Blutweiderich** *(Lythrum salicaria)* genutzt, daher hat man an ausgedehnten Beständen der Pflanze eine gute Möglichkeit, die Bienenart zu entdecken. Die Krallenglieder der Füße sind verbreitert und hell rötlich gefärbt. Weiteres zur Gattung siehe bei *Melitta haemorrhoidalis*.

♀: 10–12 mm; Fühler wie gesägt. Gesichtsbehaarung überwiegend gelblich weiß, **auf dem Rücken graubraun und schwarz**; Hinterleibssegmente 2–4 in der Mitte schwarz behaart, am Ende mit schmalen (breiter als bei *Melitta haemorrhoidalis*) weißen Haarbinden. **Endfranse seitlich gelblich weiß, in der Mitte schwarz**. Scopa weißlich, Hinterfersen (Metatarsus 3) innen orangebraun behaart (nur bei genauem Hinsehen erkennbar!).

♂: 10–11 mm; lange, dünne, schwarzbraune Fühler, **mit knotigen, wie gesägt aussehenden Fühlergliedern** (ohne optische Hilfsmittel oft schwer erkennbar). Rücken bräunlich behaart, mit schwarzen Haaren durchsetzt. Hinterleibssegmente 2–4 mit schmalen Haarbinden, **Abdomenspitze schwarz behaart**.

Weibchen der Blutweiderich-Sägehornbiene. Gut erkennbar sind die schmalen weißen Haarbinden auf den Hinterleibssegmenten und die seitliche Behaarung auf dem letzten Tergit.

Phänologie: ♂ Anfang Juli bis Mitte August; ♀ Mitte Juli bis Ende August

Ähnliche Arten: Die nahverwandte Glockenblumen-Sägehornbiene *(Melitta haemorrhoidalis)* ist auf Glockenblumen-Arten *(Campanula)* spezialisiert, weitere Arten auf Schmetterlingsblütler bzw. Zahntrost *(Odontites)*.

Nistweise und Habitat: Solitär; in sandigen oder lehmigen Böden/Böschungen. Von einem Hauptgang zweigen mehrere Nebengänge ab, an deren Ende die Brutkammern angelegt werden. Sie werden mit einem körpereigenen, wachsähnlichen Sekret imprägniert. Die Larven spinnen sich am Ende der Fressphase einen Kokon und überwintern als Ruhelarve.

Kuckuck: Vermutet wird die Jakobsgreiskraut-Wespenbiene *(Nomada flavopicta)*, die bei verschiedenen *Melitta*-Wirtsarten vorkommt.

Verbreitung: Süd- und Mitteleuropa, nördl. bis Dänemark. Häufig, aber in geringen Individuenzahlen.

Wissenswertes: Die einzige Pollenquelle ist dreihäusig, d.h. verschiedene Pflanzenindividuen tragen zur Verhinderung von Selbstbestäubung unterschiedlich lange Griffel und Staubblätter: a. langgriffelige Blüten mit einem kurzen und einem mittellangen Staubblattkreis, b. kurzgriffelige Blüten mit einem langen und mittellangen Staubblattkreis, c. Blüten mit mittellangem Griffel mit langem und kurzem Staubblattkreis. Der Pollen der kurzen und mittellangen Staubblätter ist gelb, der der langen grün. Daher zeigt sich oft eine auffällige neongrünlich gelbe Mischung der Pollenladung an den Hinterschienen und -fersen der Weibchen. Pollen wird mit Nektar vermischt transportiert (Feuchtsammler).

Männchen der Blutweiderich-Sägehornbiene mit den typisch gesägten Fühlern beim Blütenbesuch am Blutweiderich *(Lythrum salicaria)*.

Weibchen der Blutweiderich-Sägehornbiene. Die Thoraxoberseite ist schwarz behaart, sonst überwiegend weißlich. Andeutungsweise ist das verbreiterte Fußglied des linken Vorderbeines zu sehen, welches für die Gattung typisch ist.

Weibchen der Blutweiderich-Sägehornbiene hat noch keinen Pollen gesammelt. Daher ist die gelbrote Färbung der Behaarung an den Innenseiten der Hinterbeine gut erkennbar.

Weibchen der Blutweiderich-Sägehornbiene hat bereits viel Pollen gesammelt. Die neongrüngelbe Farbe des Pollens stammt aus den verschiedenen Staubbeuteln der unterschiedlichen Blütentypen.

Was man tun kann: Die Blutweiderich-Sägehornbiene ist nur mäßig häufig, sodass sie durch das großzügige Pflanzen von Blutweiderich *(Lythrum salicaria)* unterstützt werden kann, denn ohne ausreichend große Bestände dieser Pollenquelle gibt es sie nicht. Männchen und Weibchen tanken auch ihr «Flugbenzin» am Blutweiderich. Eine im Juli/August purpurn blühende hohe Staude, die ursprünglich an Gräben, auf Feuchtwiesen und längs von Flussufern wächst, aber auch in normaler Gartenerde und am Rand von Gartenteichen gedeiht. Die Mahd von Blutweiderich-Beständen sollte erst nach der Fruchtreife, ab September, erfolgen. Offene, sandig-lehmige Bodenstellen als Brutplätze anbieten.

Futterpflanzen: Streng oligolektisch auf den Gewöhnlichen Blutweiderich *(Lythrum salicaria)* als einzige Futterpflanze spezialisiert.

Blutweiderich *(Lythrum salicaria)*, Habitus.

Blutweiderich *(Lythrum salicaria)*, Blüte mit kurzem Griffel.

Blutweiderich *(Lythrum salicaria)*, Blüte mit mittellangem Griffel.

Blutweiderich *(Lythrum salicaria)*, Blüte mit langem Griffel.

Efeu-Seidenbiene

Colletes hederae Schmidt & Westrich 1993

Name: Lat. *hederae* bezieht sich, wie auch der deutsche Name, auf die Pollen liefernde Futterpflanze, *Hedera helix*, den Efeu.

Erkennungsmerkmale: Diese Seidenbiene kann leicht aufgrund ihrer Spezialisierung auf Efeu und der damit verbundenen späten Flugzeit identifiziert werden.

♀: 8–14 mm; Brustabschnitt dicht pelzig braun behaart; Hinterleib mit schwarzen, glänzenden Tergiten und **auffallend breiten, karamellfarbenen Endbinden**, am 1. Tergit nur seitlich, am 2. mit Basalbinde.

Die braune Thoraxbehaarung ist beim Weibchen der Efeu-Seidenbiene seitlich von helleren Haaren umgeben.

♂: 8–13 mm; ähnlich wie die Weibchen, aber **alle Binden heller** und **durchgehend**.

Ähnliche Arten: Sie ähnelt der etwas kleineren, aber selteneren Heidekraut-Seidenbiene *(Colletes succinctus)*, welche auf Heidekraut spezialisiert ist, aber gelegentlich auch an Efeu sammelt. Die Goldaster-Seidenbiene (*Colletes collaris,* 11–13 mm) und die Gemeine Seidenbiene (*Colletes similis,* 8–10 mm) sind auf Korbblütler spezialisiert. Männchen Letzterer lassen sich allerdings makroskopisch nicht von ähnlichen *Colletes*-Arten unterscheiden. Die Salzaster-Seidenbiene (*Colletes halophilus,* 8–12 mm) kommt nur an der Küste vor.

Nistweise und Habitat: Solitär; die Weibchen graben eigene Nester in lockeren Sand-, Löß- und Lehmboden, auch in Gartenerde. Sie sind hinsicht-

Phänologie: ♂ und ♀ Ende August bis Ende Oktober

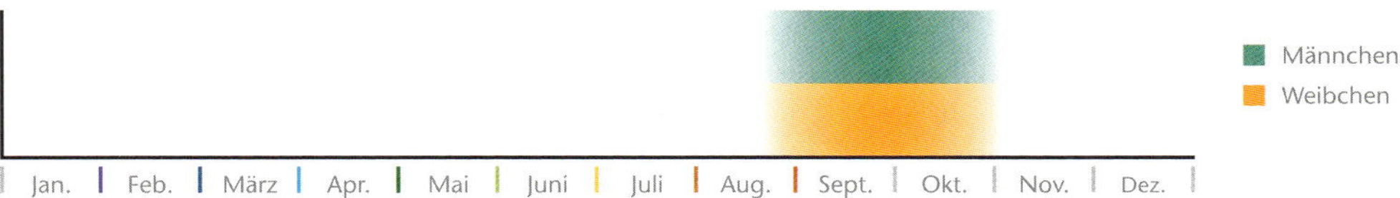

lich der Nistplatzwahl relativ anpassungsfähig und nisten in Steilwänden und Böschungen genauso wie in horizontalen Flächen. Nester wurden auch schon auf Friedhöfen, Sportplätzen und in Sandkisten gefunden. In Letzteren wurden Brutzellen in über 40 cm Tiefe gefunden (Westrich 2015).

Kuckuck: Filzbienen *(Epeolus cruziger, E. fallax).*

Verbreitung: Fehlt bislang in Deutschland nur im Norden und in östlichen Gebieten. Möglicherweise hat sie aber nur noch niemand entdeckt, da die Flugzeit so spät ist, dass kaum jemand dann noch nach Bienen Ausschau hält. Es lohnt also, sich mal an blühendem Efeu umzusehen, an dem man auch viele andere Insekten beobachten kann.

Wissenswertes: Die Art wurde erst 1993 entdeckt, da sie bis dato mit der ähnlichen Heidekraut-Seidenbiene gleichgesetzt wurde *(Colletes succinctus).*

Was man tun kann: Sandbeete anlegen (40 cm tief!). Efeu wachsen und blühen lassen. Weitere Futterpflanzen anpflanzen.

Weibchen der Efeu-Seidenbiene an Efeu *(Hedera helix).*

Ein Weibchen der Efeu-Seidenbiene an ihrer Futterpflanze, dem Efeu *(Hedera helix)*.

Nestanlage der Efeu-Seidenbiene.

Ein Weibchen der Efeu-Seidenbiene schaut aus ihrem Nest.

Futterpflanzen: Eingeschränkt oligolektisch am Gewöhnlichen Efeu *(Hedera helix)*. Allerdings sammeln die Weibchen bereits vor der Efeublüte an weiteren Pflanzen, z. B.:
Apiaceae (Doldenblütler): Alpen-Mannstreu *(Eryngium alpinum)*;
Asteraceae (Korbblütler): Raublatt-Herbstaster *(Symphyotrichum novae-angliae)*;
Colchicaceae (Zeitlosengewächse): Gewöhnliche Herbstzeitlose *(Colchicum autumnale)*;
Ericaceae (Heidekrautgewächse): Heidekraut *(Calluna vulgaris)*;
Fabaceae (Schmetterlingsblütler): Weißer Steinklee *(Melilotus albus)*, Weiß-Klee *(Trifolium repens)*;
Orobanchaceae (Sommerwurzgewächse): Gelber Zahntrost *(Odontites luteus)*.

Heidekraut *(Calluna vulgaris)*

Gewöhnliche Herbstzeitlose *(Colchicum autumnale)*

Alpen-Mannstreu *(Eryngium alpinum)*

Gewöhnlicher Efeu *(Hedera helix)*

Weißer Steinklee *(Melilotus albus)*

Raublatt-Herbstaster *(Symphyotrichum novae-angliae)*

Liste wichtiger Pollenfutterpflanzen

Name [wiss. I deutsch]	Lebens-form	Blüte	Höhe [cm]	Böden I Sonstiges	Licht
Adoxaceae – Moschuskrautgewächse					
Sambucus nigra Schwarzer Holunder	S	5–7 weiß	– 11 m	Sandige, stickstoffreiche, frische, schwach saure Lehmböden.	◘
Amaryllidaceae – Narzissengewächse/Lauchgewächse					
Allium schoenoprasum Schnittlauch	G (Zwiebel)	5–8 rosa	– 50	Frisch – mäßig feucht, nährstoff- und humusreich, kalkhaltig. Für Steingärten und zur Dachbegrünung geeignet.	☼
Allium ursinum Bärlauch	G (Zwiebel)	4–5 weiß	20–30	Feuchte, humus-, nährstoffreiche, tiefgründige Böden.	●
Apiaceae – Doldenblütler					
Aegopodium podagraria Gewöhnlicher Giersch	Sta	6–7 weiß	30–100	Feuchte, stickstoff- und basenreiche, mäßig saure, humose Ton- und Lehmböden.	☼/●
Angelica sylvestris Wilde Engelwurz	Sta	6–9 weißrosa	50–150	Feucht – nass, sumpfig, nährstoffreich.	☼/◘
Anthriscus sylvestris Wiesen-Kerbel	b/Sta	6–7 weiß	60–150	Frisch, nährstoffreich. Für Wiesen, Wald- und Gebüschränder.	☼/◘
Cardamine pratensis Wiesen-Schaumkraut	Sta	4–5 rosa	20–60	Feucht, auch sumpfig. Teichränder, Feuchtwiesen.	☼/◘
Chaerophyllum temulum Taumel-/Hecken-Kälberkropf	Sta	5–7 weiß	– 140	Feucht, stickstoffreich. Für Wiesen und Waldränder.	☼
Eryngium alpinum Alpen-Mannstreu	Sta	7–9 blau	30–100	Durchlässig, tiefgründig, mäßig nährstoffreich, sandig-steinig, kalkhaltig.	☼
Eryngium planum Flachblättriger Mannstreu	Sta	6–9 blau	40–80	Trockene, durchlässige, magere Sandböden. Windgeschützt. Zierpflanze: S- u. O-Europa – Asien.	☼
Aquifoliaceae – Stechpalmengewächse					
Ilex aquifolium Gewöhnliche Stechpalme	S/B	5–6 weiß	– 15 m	Lockere, kalkarme, nährstoffreiche, auch steinige Lehmböden.	◘/●
Araliaceae – Araliengewächse					
Hedera helix Gewöhnlicher Efeu	Hs/S/L	9–10 grün	– 20 m	Mäßig trocken – feucht, nährstoff- und humusreich. Immergrün, daher als Sichtschutz geeignet, als Bodendecker, Unterpflanzung, Wandbegrünung.	◘/●
Asparagaceae – Spargelgewächse					
Hyacinthus orientalis ** Garten-Hyazinthe (Hybriden)	G (Zwiebel)	4(–5) weiß, blau, gelb, violett, rosa	15–40	Kiesig – sandig, mäßig trocken – frisch, nährstoffarm – mäßig nährstoffreich; kalktolerant. Zierpflanze aus der Türkei/Syrien mit über 100 Sorten.	☼/◘
Muscari armeniacum ** Armenische Traubenhyazinthe	G (Zwiebel)	4 azurblau (weiß)	10–20	Nicht zu feucht, durchlässig, warm, locker, sandig, lehmig. Zierpflanze vom Balkan.	☼
Muscari botryoides ** Kleine Traubenhyazinthe	G (Zwiebel)	3–5 blau	– 20	Nicht zu feucht, durchlässig, warm, locker. Zierpflanze: SO-Europa – W-Asien.	☼
Muscari neglectum ** Übersehene/Weinbergs-Traubenhyazinthe	G (Zwiebel)	3–5 blau-schwarz	10–20	Trocken bis feucht, durchlässig, warm, locker. Zierpflanze: Mittelmeer – Pakistan.	☼/◘
Ornithogalum umbellatum Dolden-Milchstern	G (Zwiebel)	4–6 grün-weiß	10–30	Trockene – frische, nährstoffreiche Lehmböden. Giftig.	☼/◘

Name [wiss. I deutsch]	Lebens-form	Blüte	Höhe [cm]	Böden I Sonstiges	Licht
Othocallis siberica ** Sibirischer Schmuckblaustern	G (Zwiebel)	3–4 blau (weiß)	10–15	Frische, durchlässige, nährstoffreiche, humose, neutrale Lehmböden. Zierpflanze: Vorderasien, Russland.	◘
Scilla bifolia Zweiblättriger Blaustern	G (Zwiebel)	3–4 blau	5–20	Frisch, nährstoffreich, sauer. Submediterrane Zierpflanze.	☼/◘
Asteraceae – Korbblütler					
Achillea filipendulina Gold-Schafgarbe	Sta	6–8 gelb	50–130	Durchlässig, nährstoffreich, sandig – lehmig, kalktolerant.	☼
Achillea millefolium Wiesen-Schafgarbe	Sta/Hs	5–6 weiß	– 100	Humusreich, durchlässig. Stickstoffzeiger. Bodenbefestiger.	☼
Anthemis arvensis * Acker-Hundskamille	a/b	5–10 weiß-gelb	10–50	Nährstoff-, basenreich, kalkfrei, lehmig-tonig. Säurezeiger.	☼
Anthemis tinctoria * Färber-Hundskamille	Sta	6–9 gelb	30–60	Trocken – mäßig trocken, lehmig, auch steinig, kalkhaltig.	☼
Bellis perennis Ausdauerndes Gänseblümchen	Sta	3–11 weiß-gelb	5–15	Frisch, humus- und mäßig nährstoffreich, lehmig, kalktolerant. Gefüllte «Tausend-schönchen» wertlos für Bienen.	☼/◘
Buphthalmum salicifolium Weidenblättriges Ochsenauge	Sta	6–9 gelb	50–60	Nährstoffarm, humusreich, steinig – tonig, kalkliebend.	☼/◘
Calendula arvensis * Acker-Ringelblume	a	6–9 hellgelb	10–20	Nährstoffreiche, lockere, kalkhaltige Lehm-böden. Wärmeliebend.	☼
Calendula officinalis ** Gewöhnliche Ringelblume	a	6–9 orange-gelb	20–50	Locker, mäßig nährstoffreich, schwach alkalisch – schwach sauer. Keine gefüllten Sorten pflanzen!	☼
Centaurea jacea + Wiesen-Flockenblume	Sta	5–10 purpurn	30–70	Bevorzugt durchlässige, humose Lehmböden.	☼
Centaurea pseudophrygia Gewöhnliche Perücken-Flockenblume	Sta	7–9 purpurn	30–80	Frisch, nährstoffreich, kalkhaltig.	☼
Centaurea scabiosa Skabiosen-Flockenblume	Sta	6–10 purpurn	30–120	Trocken – frisch, durchlässig, mager, basenreich, sandig.	☼
Cichorium intybus * Gewöhnliche Wegwarte	Sta	7–10 blau	30–120	Trocken, oft kalk- und stickstoffreich. Tiefwurzler.	☼
Cirsium arvense Acker-Kratzdistel	G	7–9 rosa	60–120	Trockene – frische, nährstoffreiche, tiefgründige Lehmböden. Stickstoffzeiger.	☼/◘

Lebensformen

a: annuell, einjährig krautig
b: bienn, zweijährig krautig (im 1. Jahr nur Blätter, im 2. Jahr Blüten, danach absterbend)
B: Baum
G: Geophyt (ausdauernde Pflanze mit Erneuerungsknospen im Boden)
Hs: Halbstrauch
L: Liane (verholzte Kletterpflanzen)
K: Kletterpflanze
P-Sta: Polster-Staude
S: Strauch
SZ: Zwergstrauch
Sta: Staude (ausdauernd & krautig)

Blütezeit

Die Zahlen entsprechen den Monaten des Jahres (z. B. 5 = Mai)

Lichtansprüche

☼ sonnig ◘ halbschattig ● schattig

Symbole bei Namen

* Alteinwanderer (sog. Archäophyten), die meist mit Wachstum des Ackerbaus als Kulturfolger vor 1492 eingewandert sind.

** Exot/Zierpflanze

+ An diesen Pflanzen finden die Weibchen Pflanzenwolle zum Bau der Brutzellen.

Name [wiss. I deutsch]	Lebens-form	Blüte	Höhe [cm]	Böden I Sonstiges	Licht
Cirsium palustre Sumpf-Kratzdistel	b	6–9 purpurn	60–200	Anmoorig, nass, durchlässig, humos. Tiefwurzler.	☼
Cirsium vulgare Gewöhnliche Kratzdistel	b	6–9 purpurn	60–150	Mäßig trockene – frische, nährstoffreiche, humose, lockere Lehmböden. Stickstoff-zeiger.	☼
Crepis biennis Wiesen-Pippau	b	5–10 gelb	30–100	Nährstoffreiche, basenarme Lehmböden.	☼/◘
Cyanus segetum * Kornblume	a	6–9 blau	30–60	Trocken, locker, durchlässig.	☼
Cynara cardunculus ** Wilde Artischocke	Sta	8–9 blauviolett	30–200	Nährstoffreiche, durchlässige, lockere Lehmböden. Frostempfindlich, da medi-terrane Herkunft.	☼
Echinops ritro ssp. *ruthenicus* Ruthenische Kugeldistel	Sta	7–8 blaugrau	30–100	Durchlässig, lehmig – steinig.	☼
Echinops sphaerocephalus Bienen-Kugeldistel	Sta	7–8 stahlblau	60–120	Sandig-tonige, steinige, durchlässige Lehmböden.	☼
Glebionis coronaria ** Kronen-Wucherblume	a	6–8 weiß-gelb	– 80	Durchlässig, kalkmeidend. Wird als «Salatchrysantheme» für asiatische Gerichte verwendet. Herkunft Mittelmeerraum.	☼
Helianthus annuus Gewöhnliche Sonnenblume	a	7–10 gelb-braun	40–300	Mäßig trocken – feucht, nährstoffreich, sandig-lehmig.	☼
Helichrysum arenarium Sand-Strohblume	Sta	7–10 goldgelb	10–40	Trocken, durchlässig, locker, sandig, kalkfrei.	☼
Hieracium umbellatum Dolden-Habichtskraut	Sta	7–10 gelb	50–120	Mäßig frisch – mäßig trocken, sauer, mager.	◘
Hieracium villosum Zottiges Habichtskraut	Sta	7–8 gelb	10–40	Frisch, steinig, felsig, kalkreich.	☼
Hypochaeris radicata Gewöhnliches Ferkelkraut	b	6–10 gelb	20–70	Frisch – feucht, nährstoffarm, sandig-lehmig.	☼/◘
Inula ensifolia ** Schwertblättriger Alant	Sta	7–8 gelb	10–40 (50)	Trocken, durchlässig, locker, steinig-sandig, kalkliebend. Für Steingärten geeignet. Herkunft O-Türkei.	☼
Inula helenium ** Echter Alant	Sta	7–9 gelb	100–250	Mäßig feucht, durchlässig, locker, sandig-lehmig, nährstoff- und humusreich, kalk-tolerant. Zierpflanze aus SO-Europa – Asien.	☼/◘
Leucanthemum ircutianum Wiesen-Margerite	Sta	5–9 weiß-gelb	25–80	Frisch, mäßig nährstoff- und basenreich.	☼
Leucanthemum vulgare Kleine Wiesen-Margerite	Sta	5–9 weiß-gelb	30–60	Frisch – trocken, durchlässig, nährstoffarm, kiesig – lehmig, keine Staunässe.	☼/◘
Matricaria chamomilla * Echte Kamille	a	6–8 weiß-gelb	15–50	Frische, nährstoffreiche, meist kalkarme, humose Sand-, Lehm- und Tonböden.	☼
Onopordum acanthium + Gewöhnliche Eselsdistel	b	7–9 purpurn	50–200	Trocken, durchlässig. Pflanze silbrig weiß behaart.	☼
Picris hieracioides Gewöhnliches Bitterkraut	b/Sta	5–10 gelb	30–90	Nicht zu trockene, basen- und kalkreiche, nährstoffarme, gering humose Lehm- oder Tonböden.	☼
Pilosella aurantiaca Orangerotes Mausohrhabichtskraut	Sta	6–8 orangerot	20–50	Trocken, mager, nährstoffarm, leicht sauer. Ursprünglich Gebirgspflanze. Bodendecker.	☼
Pilosella officinarum Kleines Mausohr-habichtskraut	Sta	5–10 gelb	5–25	Trocken, mager, stickstoffarm. Ausläufer-bildend, Bodendecker.	☼

Name [wiss. I deutsch]	Lebensform	Blüte	Höhe [cm]	Böden I Sonstiges	Licht
Scorzonera hispanica Garten-Schwarzwurzel	Sta	6–8 gelb	60–120	Mäßig trocken, meist kalkhaltig, humos, sandig, auch reine Tonböden.	☼/◘
Scorzoneroides autumnalis Herbst-Schuppenlöwenzahn	Sta	6–10 gelb	15–40	Trocken, auch wechselfeucht, mäßig nährstoffreich, meist kalkarm, sandig-lehmig.	☼
Senecio erucifolius Raukenblättriges Greiskraut	Sta	7–9 goldgelb	30–120	Trockene, magere, mäßig stickstoffhaltige, basenreiche Lehmböden. Durch Alkaloide giftig.	☼
Senecio jacobaea Jakob-Greiskraut	b-Sta	6–10 gelb	30–100	Nährstoffreich, humos, sandig – tonig. Giftig.	☼
Solidago virgaurea Gewöhnliche Goldrute	Sta	7–10 gelb	10–40 (–100)	Trocken, nährstoffarm. Rand von Wegen, Gebüschen. Alte Heilpflanze.	☼
Sonchus arvensis Acker-Gänsedistel	Sta	7–10 gelb	50–150	Stickstoffreiche Lehmböden. Tiefwurzler.	☼
*Silybum marianum*** Echte Mariendistel	a–b	6–8 violett	30–150	Trocken, sandig, steinig, durchlässig, mager. Heilpflanze. Herkunft Mittelmeerraum.	☼
Symphyotrichum novae-angliae ** Raublatt-/Neuengland-Herbstaster	Sta	9–11 rot, rosa, blau, violett	30–120	Feucht – nass, nährstoffreich, sandig, lehmig.	☼
Tanacetum vulgare Rainfarn	Sta	7–9 gelb	40–120	Nicht zu trocken, mäßig nährstoffreich, durchlässig, humos.	☼
Taraxacum officinale Gewöhnlicher Löwenzahn	Sta	4–7 gelb	5–30(40)	Frisch, locker, tiefgründig, nährstoffreich. Oft zu Unrecht als «Unkraut» ausgerupft. Bietet vielen Wildbienenarten über einen recht langen Zeitraum Nahrung.	☼/◘
*Tripleurospermum inodorum** Duftlose Strandkamille	a	6–10 weiß-gelb	5–80	Frische – mäßig trockene, nährstoffreiche, meist kalkarme, humose, Sand-, Ton- oder Lehmböden.	☼
Tripolium pannonicum Strand- bzw. Salzaster	a–b	7–9 violett	50–150	Feuchter, durchlässiger, nährstoffarmer, salzhaltiger Sand. Strandpflanze.	☼
Tussilago farfara Huflattich	G (Rhizom)	3–4 goldgelb	10–30	Trockene, warme, durchlässige Rohböden, verträgt Lehm und Staunässe. Pionierpflanze.	☼
Berberidaceae – Berberitzengewächse					
Berberis vulgaris Gewöhnliche Berberitze	S	5–7 gelb	30–300	Frisch, durchlässig, humos.	☼/◘
Betulaceae – Birkengewächse					
Alnus glutinosa Schwarz-Erle	B	2–4 unscheinbare Kätzchenblü.	25–40 m	Nährstoffreich, frisch – nass, schwach sauer. Schnellwüchsiges Ufergehölz.	☼/◘
Carpinus betulus Gewöhnliche Hainbuche	B	3–5 unscheinbare Kätzchenblü.	– 20 m	Mäßig nährstoffreiche, oft staunasse, schwach saure Sand-, Ton- und Lehmböden. Langsam wachsend.	☼/◘
Boraginaceae – Rauhblattgewächse					
Anchusa officinalis Gewöhnliche Ochsenzunge	b/Sta	5–9 rot-dunkelblau	30–70	Warm, trocken, mager, sandig. Tiefe Pfahlwurzel bis 1,2 m.	☼
Borago officinalis Garten-Borretsch	a	5–9 himmelblau	20–50	Nährstoff-, humusreich, feucht, durchlässig. Kulturpflanze aus dem Mittelmeerraum.	☼/◘
Echium vulgare * Gewöhnlicher Natternkopf	a/b	5–10 blau	30–100	Trocken, oft humusarm, sandig, steinig. Tiefwurzler. Archäopyht aus dem Mittelmeerraum.	☼

Name [wiss. I deutsch]	Lebens-form	Blüte	Höhe [cm]	Böden I Sonstiges	Licht
Myosotis sylvatica Wald-Vergissmeinnicht	a	5–7 hellblau-gelb	15–45	Frisch – feucht, nährstoffreich, durchlässig, sandig-lehmig.	☼/◘
Pulmonaria angustifolia Schmalblättriges Lungenkraut	Sta	3–5 rot, azurblau	10–35	Warme, meist lockere, Sand- und Lößböden. Geschützte Art.	☼/◘
Pulmonaria officinalis Echtes Lungenkraut	Sta	3–5 rot, blau	10–30	Frische, nährstoff- und basenreiche, meist kalkhaltige, steinige Lehmböden. Wintergrün.	◘
Symphytum asperum Rauer Beinwell	Sta	6–9 rosa, blau	100–180	Frisch, durchlässig, humos. Zier-, Futterpflanze. Heimat Kaukasus.	◘
Symphytum officinale Gewöhnlicher Beinwell	Sta	5–7 violett	30–60 (–100)	Nährstoff-, stickstoffreiche, frische Lehmböden.	☼/◘
Brassicaceae – Kreuzblütler					
Alliaria petiolata Knoblauchsrauke	a	4–7 weiß	20–100	Frische, stickstoffreiche Lehmböden. Essbar.	◘
Aubrieta x cultorum ** Garten-Blaukissen	P-Sta	4–5 blau-, rötlich violett	10–20	Mäßig trockener – frischer, durchlässiger, kalkhaltiger, sandiger Lehm. Zierpflanze in Steingärten, Trockenmauern. Viele Sorten im Handel erhältlich. Keine gefüllten Sorten pflanzen.	☼
Aurinia saxatilis Echtes Felsensteinkraut	Sta	4–5 gelb	10–35	Trocken-warme, basenreiche, flachgründige Steinböden.	☼
Barbarea vulgaris Echtes Barbarakraut	b	4–7 gelb	30–90	Feuchte, durchlässige, stickstoffhaltige Lehmböden. Als Winterkresse essbar.	◘
Berteroa incana Gewöhnliche Graukresse	a	6–10 weiß	20–60	Trocken, sandig-steinig. Durch Sternhaare graugrün.	☼
Brassica napus Raps	a/b	4–5 gelb	30–150	Feuchte, schwach saure – neutrale, nährstoffreiche, tiefgründige Lehmböden.	☼
Brassica rapa Rübsen	a/b	4–9 gelb	20–100	Wechselfeucht, durchlässig, nährstoffreich.	☼
Crambe maritima Nördlicher Meerkohl	Sta	5–7 weiß	30–70	Salzhaltig, sandig-kiesig, stickstoffreich. Salzpflanze, salziges Wildgemüse.	☼
Eruca sativa Senfrauke, Rucola	a	5–7 gelblich weiß	15–50	Nährstoffreiche Sand-, Lehmböden. Kulturpflanze, Heimat S-Europa. Als Salat essbar.	☼
Sinapis arvensis Acker-Senf	a	5–10 gelb	20–60	Nährstoff-, basenreiche Lehmböden. Archäophyt aus dem Mittelmeerraum.	☼
Sisymbrium officinale Weg-Rauke	a	5–8 gelb	30–70	Mäßig trocken, nährstoff-, stickstoffreich, basisch.	☼
Buxaceae – Buchsbaumgewächse					
Buxus sempervirens Immergrüner Buchsbaum	S/B	3–5 cremeweiß	– 8 m	Mäßig trocken – feucht, keine Staunässe, nährstoffarm, neutral – basisch. Als Heckenpflanze nutzbar. Giftig.	◘
Campanulaceae – Glockenblumengewächse					
Campanula glomerata Knäuel-Glockenblume	Sta	6–9 violett	30–60	Kalkhaltige, magere Lehmböden, trockene Wiesen, Halbtrockenrasen.	☼/◘
Campanula patula Wiesen-Glockenblume	b/Sta	5–8 blauviolett	20–70	Frische, sandige oder lehmige Böden, kalktolerant. In Wiesen und Gebüschen.	☼
Campanula persicifolia Pfirsichblättrige Glockenblume	Sta	6–9 blau (weiß)	30–80	Mäßig trocken – frisch, humusreich, mäßig nährstoffreich – nährstoffreich. In Laubwäldern, Magerrasen, Wiesen.	☼/◘
Campanula poscharskyana Hängepolster-Glockenblume	P-Sta	6–9 blauviolett	10–20	Frisch – trocken, nährstoffreich, kalkliebend, Sand oder Lehm.	☼

Name [wiss. I deutsch]	Lebens- form	Blüte	Höhe [cm]	Böden I Sonstiges	Licht
Campanula rapunculoides Acker-Glockenblume	Sta	6–9 violett	30–80	Trocken – frisch, kiesig – kalkliebend. In lichten Wäldern, Gebüschsäumen.	☼/▪
Campanula rapunculus Rapunzel-Glockenblume	Sta	5–7 blauviolett	50–80	Mäßig trockene – frische, nährstoffreiche, lockere Lehmböden.	☼
Campanula rotundifolia Rundblättrige Glockenblume	Sta	6–9 blau	20–50	Trocken – frisch, nährstoffarm, sandig – lehmig, kalkmeidend.	☼/▪
Campanula trachelium Nesselblättrige Glockenblume	Sta	7–8 blauviolett	80–100	Trocken – frisch, nährstoffreich, durchlässig, lehmig – steinig.	☼/▪
Jasione montana Berg-Sandglöckchen	b	6–8 himmelblau	10–45	Trocken, mager, kalkarm, eher sauer, sandig – felsig. Tiefwurzler bis 1 m.	☼
Caprifoliaceae/Dipsacaceae – Geißblattgewächse/Kardengewächse					
Knautia arvensis Acker-Witwenblume	Sta	6–8 rosa	30–80	Nährstoff- und basenreiche, lockere Lehmböden, ohne Staunässe.	☼
Knautia macedonica Mazedonische Witwenblume	Sta	7–9 purpurn	60–100	Trocken-frisch, sandig.	☼
Scabiosa columbaria Tauben-Skabiose	Sta	6–10 rosa	25–60	Mäßig trocken – frisch, nährstoffarm, kalkliebend, sandig – lehmig. Tiefwurzler bis 1,5 m.	☼
Succisa pratensis Wiesen-Teufelsabbiss	Sta	7–9 rosa-violett	15–40(80)	Wechselfeucht, frisch – nass, basenreich, mäßig sauer, mager, humos.	☼
Cistaceae – Zistrosengewächse					
Helianthemum nummularium Gewöhnliches Sonnenröschen	Sta/Hs	5–8 gelb	10–40	Trocken, mager, basenreich, meist kalkhaltig. Für Steingärten.	☼
Colchicaceae – Zeitlosengewächse					
Colchicum autumnale Herbstzeitlose	Sta	8–11 violett	5–40	Feucht, tiefgründig, nährstoffreich. Sprossknolle sehr stark giftig!	☼
Convolvulaceae – Windengewächse					
Calystegia sepium Gewöhnliche Zaunwinde	Sta	6–9 weiß	1–3 m	Frisch – feucht, nährstoff- und basenreich, lehmig. Windende Kletterpflanze für Zäune, Pergolen; ausbreitungsfreudig.	☼/▪
Convolvulus arvensis Acker-Winde	Sta	5–10 rosa-weiß	20–200	Warme, nährstoffreiche Lehmböden. Kletternder Tiefwurzler bis 2 m.	☼
Cornaceae – Hartriegelgewächse					
Cornus sanguinea Blutroter Hartriegel	S	5–6 weiß	3–4 m	Frisch, humos, nährstoffreich, sandig – lehmig, steinig. Schnittverträglich, daher als Hecke verwendbar.	☼/▪
Crassulaceae – Dickblattgewächse					
Sedum rupestre Felsen-Fetthenne, Tripmadam	Sta	6–7 gelb	10–30	Trocken – mäßig trocken, nährstoff- und humusarm, sandig, steinig; kalktolerant. Blätter immergrün, sukkulent.	☼
Ericaceae – Heidekrautgewächse					
Calluna vulgaris Heidekraut	SZ	8–10 rosa	– 100	Wechselfeucht – trocken, mager, basen- und stickstoffarm, sauer, sandig. «Knospenheiden», deren Knospen sich nicht öffnen, bieten Bienen keine Nahrung. Immergrün.	☼
Erica carnea Schnee-Heide	SZ	1–4 rosa	15–30	Mäßig trocken, nährstoffarm, kalkhaltig, sandig. Immergrüner Bodendecker.	☼/▪
Vaccinium x *atlanticum* Strauch-Heidelbeere	Hs	5 cremeweiß	1–4 m	Frisch – feucht, humos, stickstoffarm, durchlässig, sauer. Für Moorbeete geeignet; Flachwurzler.	☼/▪

Name [wiss. I deutsch]	Lebens- form	Blüte	Höhe [cm]	Böden I Sonstiges	Licht
Vaccinium myrtillus Heidelbeere	Hs	5–7 grünlich – rot	10–60	Frisch, nährstoffarm, humos, sauer, sandig, moorig.	●/◘
Fabaceae – Schmetterlingsblütler					
Anthyllis vulneraria Gewöhnlicher Wundklee	Sta	6–9 gelb	5–40	Trocken, durchlässig, kalkhaltig.	☼
Baptisia australis ** Blaue Indigolupine	Sta	(5)6–(8) blau	100–150	Trocken, durchlässig, steinig, kalkfrei. Zierpflanze aus Nordamerika. Giftig!	☼
Baptisia alba Weiße Indigolupine	Sta	6–8 weiß	100–120	Feucht, gut durchlässig, sandig-lehmig.	☼
Genista tinctoria Färber-Ginster	Hs	5–8 gelb	50–100	Trocken – frisch, nährstoffarm, kalkmeidend, sandig, lehmig. Stark giftig!	☼
Lathyrus heterophyllus Verschiedenblättrige Platterbse	Sta	7–8 purpurn	100–200	Mäßig trocken, nährstoffarm, salzfrei, nur auf Kalk. Mit Wurzelknöllchen.	☼
Lathyrus latifolius ** Breitblättrige Platterbse	Sta, K	6–8 purpurn	100–300	Trocken, locker, kalkhaltig. Mediterrane Zierpflanze, eingebürgert.	☼
Lathyrus odoratus ** Gartenwicke, Wohlriechende Platterbse	a, K	6–8 rot, weiß, rosa, violett, blau	50–200	Durchlässig, locker, sandig. Zierpflanze aus Sizilien, für Trockenhänge, Zaunbegrünung. Samen giftig: Lathyrismus!	☼/◘
Lathyrus sylvestris Wald-Platterbse	Sta	7–8 rosa- purpurn	100–200	Trocken, nährstoff- und basenreich, auf Lehm. Guter Bodenbefestiger.	☼/◘
Lathyrus tuberosus Knollen-Platterbse	Sta	6–8 karminrot	30–100	Frisch – mäßig trocken, nährstoffreich, kalkhaltig, sandig, lehmig-tonig. Kulturrelikt wegen essbarer Knöllchen.	☼
Lotus corniculatus Gewöhnlicher Hornklee	Sta	5–9 gelb	5–40	Trocken, nährstoff- und basenreich, lehmig. Tiefwurzler bis 1 m als Anpassung an trockene Standorte.	☼
Medicago sativa ** Luzerne	Sta	6–8 violett	30–90 (–120)	Mäßig nährstoff- und humusreich, tiefgründig, mäßig kalkhaltig, kiesig, lehmig. Zur Gründüngung. Heimat Iran.	☼
Melilotus albus Weißer Steinklee	b	5–8 weiß	30–120	Trocken, nährstoffreich, etwas kalkhaltig, tiefgründig, sandig, lehmig, selbst auf Schotter. Gründüngungspflanze.	☼
Ononis repens Kriechende Hauhechel	Hs	6–9 rosa	30–60	Trocken, nährstoffreich, kalkhaltig, lehmig. Bildet unterirdische Ausläufer.	☼
Ononis spinosa Gewöhnliche Hauhechel	Hs	6–9 rosa	30–60 (–100)	Wechseltrocken, mager, basenhaltig, humos, lehmig. Sprossdornen. Pollenblume, ohne Nektar.	☼
Phaseolus coccineus ** Feuerbohne	a, K	6–9 orangerot	200–400	Durchlässig, nährstoffreich, lehmig. Braucht Rankhilfe. Kulturpflanze aus Amerika. Rohe Bohnen sind giftig!	☼/◘
Pisum sativum Garten-Erbse	a, K	5–7 weiß, purpurn	30–100	Frische, durchlässige, kalkreiche Lehmböden, z. B. Löß. Kulturpflanze aus dem östlichen Mittelmeerraum bis Indien.	☼
Securigera varia Bunte Kronwicke	Sta	6–8 rosa	30–60	Trocken, durchlässig, basenreich, kalkhaltig, nährstoffarm. Für Steingärten geeignet. Giftig!	◘
Trifolium pratense Wiesen-Klee, Rot-Klee	a-b	5–10 rot	15–80	Frisch, nährstoffreich, tiefgründig, kalkhaltig, tonig, lehmig. Giftig!	☼
Trifolium repens Weiß-Klee	Sta	5–9 weiß	5–20	Nährstoffreiche Lehm- und Tonböden.	☼
Vicia sepium Zaun-Wicke	Sta	5–6 schmutzig- violett	30–50	Mäßig feucht, schwach sauer – neutral, mäßig nährstoffreich, leicht kalkhaltig, lehmig.	◘

Name [wiss. I deutsch]	Lebens-form	Blüte	Höhe [cm]	Böden I Sonstiges	Licht
Fagaceae – Buchengewächse					
Quercus robur Stiel-Eiche	B	4–5 gelblich	– 40 m	Feuchte, nährstoffreiche, tiefgründige, Lehm- und Tonböden.	☼/◘
Geraniaceae – Storchschnabelgewächse					
Geranium palustre Sumpf-Storchschnabel	Sta	6–9 purpurn	20–80	Feucht, nass, sumpfig, durchlässig, humos, neutral – kalkhaltig. Für Gehölz-, Graben- und Teichränder.	☼/◘
Geranium robertianum Ruprechtskraut	a	5–10 purpurn	20–50	Feucht, nährstoff-, humusreich, kiesig-lehmig.	◘/●
Grossulariaceae – Stachelbeergewächse					
Ribes alpinum Alpen-Johannisbeere	S	4–5 gelblich	150–200	Mäßig trocken – feucht, humusreich, kalkliebend, kiesig-lehmig. Für Hecken, als Sichtschutz, Einzelpflanzung.	◘/●
Ribes nigrum Schwarze Johannisbeere	S	4–5 grünlich	150–200	Feucht, moorig, nährstoff- und humus-reich, tiefgründig.	◘/☼
Ribes rubrum Rote Johannisbeere	S	4–5 gelblich	100–160	Nass, humos, tiefgründig, durchlässig, tonhaltig.	◘
Ribes sanguineum Blutrote Johannisbeere	S	4–5 rosa – kräftig rot	120–150	Leicht feucht, durchlässig, mäßig nährstoff-reich, sandig.	☼/◘
Ribes uva-crispa Stachelbeere	S	4–5 rötlich grün	60–100	Mäßig trocken – frisch, nährstoff- und basenreich, oft kalkhaltig.	☼/◘
Hypericaceae – Hartheugewächse					
Hypericum perforatum Tüpfel-Johanniskraut	Sta	6–7 gelb	20–100	Frisch, sandig, nährstoff- und humusarme Böden.	☼
Iridaceae – Schwertliliengewächse					
Crocus tommasinianus Dalmatiner Krokus	G (Zwiebel)	2–3 violett	– 20 m	Mäßig feucht – feucht, mäßig nährstoff-reich, sandig.	☼/◘
Lamiaceae – Lippenblütler					
Ajuga reptans Kriechender Günsel	b/Sta	5–8 blau (rosa, weiß)	10–30	Frisch, humus- und nährstoffreich, Lehmböden. Gut als Bodendecker unter Bäumen.	☼/◘
Betonica officinalis Heilziest, Echte Betonie	Sta	7–10 rotviolett	30–100	Feuchte, warme, stickstoff- und kalkarme Böden.	◘
Glechoma hederacea Gewöhnlicher Gundermann	Sta	6–9 blauviolett	10–40	Mäßig feucht, humus- und nährstoffreich, sandig-lehmig. Wintergrün. Bildet ober-irdische Ausläufer, Bodendecker.	☼/◘
Lamium album Weiße Taubnessel	Sta	4–10 weiß	20–70	Lockere, frische – feuchte, stickstoffreiche, mäßig warme Lehmböden. Unter Hecken, an Gehölzrändern. *Taub*nessel, da die brennnesselartigen Blätter nicht brennen, also taub sind. Sehr lange Blütezeit.	☼/◘
Lamium maculatum Gefleckte Taubnessel	Sta	4–9 (–11) purpurn	20–80	Frische – feuchte, humus- und nährstoff-reiche, lockere, lehmhaltige Böden. Boden-decker, zur Unterpflanzung von Gehölzen. Viele Sorten im Handel.	◘
Lamium purpureum Rote Taubnessel	a	3–10 rosa	10–25	Mäßig feucht, humus- und nährstoffreich, locker.	☼/◘
Lavandula angustifolia Schmalblättriger Lavendel	Hs	6–8 blauviolett	–60	Trocken, durchlässig, nährstoffarm. Kultur-pflanze felsiger westmediterraner Hänge.	☼
Leonurus marrubiastrum Filziges Herzgespann	b	7–8 rosa	50–200	Frisch, durchlässig, stickstoffreich. Ursprünglich längs von Flussauen. Für Ufer-bereiche, Röhrichte, Säume, Staudenbeete.	☼/◘

Name [wiss. I deutsch]	Lebens-form	Blüte	Höhe [cm]	Böden I Sonstiges	Licht
Lycopus europaeus [+] Gewöhnlicher Wolfstrapp	Sta	7–9 weiß	20–80	Feucht – nass, nährstoff- und basenreich, humos, sandig, tonig und auf Torf. Überschwemmungstolerant; ausläuferbildend.	◘
Marrubium vulgare * Gewöhnlicher Andorn	Sta	6–8 weiß	30–80	Trockene, sehr nährstoffreiche Ton- und Lehmböden. Ursprünglich in mediterranen Schuttfluren.	☼/◘
Origanum vulgare * Echter Dost, Wilder Majoran, Oregano	Hs	7–9 rosa	20–50	Trocken, durchlässig, warm, sandig, kiesig, kalkliebend. Lichte Wälder, Gebüschränder. Herkunft mediterran. Gynomonözisch oder gynodiözisch. Nektar ist sehr zuckerreich (76 %). «Pizzagewürz».	☼
Phlomis fruticosa */[+] Strauchiges Brandkraut	Hs	6–7 gelb	40–50	Trocken, durchlässig. Zierpflanze ursprünglich aus S-Europa. Immergrün. Für Steingärten geeignet.	☼
Salvia officinalis * Echter Salbei	Hs	6–7 violett, weiß	–80	Trocken, humusarm, kalkhaltig, steinig. Herkunft mediterran. Altbewährtes Heil- und Würzkraut.	☼
Stachys byzantina [+] Filz-Ziest	Sta	6–7 (–8) rosaviolett	60–80	Felsig, nährstoffarm, sandig. Kulturpflanze aus Vorderasien. Als Bodendecker zur Dachbegrünung und für Steingärten geeignet.	☼
Stachys germanica [+] Deutscher Ziest	b/Sta	6–9 rotviolett	40–120	Mäßig trocken, kalkhaltig.	☼
Stachys palustris Sumpf-Ziest	Sta	6–9 rotviolett	30–100	Feucht – nass, nährstoffreich, schlammig. Tiefwurzler. Uferbereiche, feuchte Äcker, Wassergräben.	☼/◘
Stachys recta Aufrechter Ziest	Sta	6–10 gelblich weiß	25–40 (–70)	Trocken, durchlässig, warm, nährstoffarm, kalkhaltig, schotterig-sandig, felsig. Trockenrasen, lichte Gehölzränder.	☼
Liliaceae – Liliengewächse					
Gagea lutea Wald-Gelbstern	G	3–5 gelb	10–13	Feucht, nährstoffreich, humos – sandig-lehmig, kalkhaltig.	◘/●
Lythraceae – Blutweiderichgewächse					
Lythrum salicaria Gewöhnlicher Blutweiderich	Sta	6–9 purpurn	50–150	Feucht – nass, nährstoff- und humusreich, lehmig. Gewässerrand.	☼/◘
Melanthiaceae – Germergewächse					
Helonias bullata * Sumpf-Scheinnelke	Sta	5–6 pink	25–30	Sumpfig, nass, moorig. Zierpflanze aus dem östlichen N-Amerika. Immergrün.	☼/◘
Onagraceae – Nachtkerzengewächse					
Epilobium angustifolium Schmalblättriges Weidenröschen, Wald-Weidenröschen	Sta	6–8 purpurn	50–150	Frische, nährstoffreiche Lehmböden; kalkmeidend. Junge Triebe und Blätter als Gemüse essbar.	☼
Orobanchaceae – Sommerwurzgewächse					
Odontites luteus Gelber Zahntrost	a	7–10 goldgelb	15–30	Trockene, nährstoffarme, kalkhaltige, sandige Lehm-, Löß- oder Gipsböden. Halbparasit.	☼
Papaveraceae – Mohngewächse					
Corydalis cava Hohler Lerchensporn	G	3–5 rotviolett (weiß)	15–30	Frisch – feucht, nährstoff- und humusreich, locker, sandig-lehmig. Gehölzunterpflanzung. Giftig!	◘/●
Corydalis solida Gefingerter Lerchensporn	G	3–4 blassviolett	20–30	Frisch – feucht, warm, locker, nährstoff- und humusreich, kalkarm, sandig-lehmig. Gehölzunterpflanzung. Giftig!	◘/●
Papaver argemone * Sand-Mohn	a	5–7 rot	15–30	Trockene, mäßig saure, kalkfreie und Lehmböden. Herkunft S-Europa, N-Afrika.	☼

Name [wiss. I deutsch]	Lebens-form	Blüte	Höhe [cm]	Böden I Sonstiges	Licht
Papaver dubium * Saat-Mohn	a	5–6 orangerot	30–60 (–100)	Trocken, durchlässig, mäßig nährstoffreich, kalkarm, kiesig-lehmig. Herkunft S-Europa, N-Afrika.	☼
Papaver rhoeas Klatsch-Mohn	a	5–7 rot	50–60	Trocken, sandig.	☼
Pseudofumaria lutea Gelber Scheinerdrauch	Sta	5–9 gelb	15–35	Mäßig trocken – feucht, durchlässig, mäßig nährstoff- und humusreich, steinig-lehmig.	◘/●
Plantaginaceae – Wegerichgewächse					
Digitalis ferruginea ** Rostfarbiger Fingerhut	b	6–7 gelb-braun	160–180	Trocken – frisch, durchlässig, humos, kalkmeidend. Heimat SO-Europa bis W-Asien. Stark giftig!	☼/◘
Digitalis lanata **/+ Wolliger Fingerhut	b	6–7 gelb-braun	70–90	Trocken, warm, kalkhaltig, sandig-steinig. Heimat SO-Europa. Stark giftig!	☼
Plantago lanceolata Spitz-Wegerich	Sta	5–9 grünlich weiß	5–50	Frisch, durchlässig, humos, sandig. Blätter essbar; gegen Insektenbisse; als Sirup gegen Husten.	☼/◘
Veronica chamaedrys Gamander-Ehrenpreis	Sta	4–7 blau	10–30	Nährstoffreiche, frische Lehmböden. Wintergrüner Flachwurzler.	☼/◘
Primulaceae – Primelgewächse					
Lysimachia nummularia Pfennigkraut	Sta	5–7 gelb	5–10	Feucht, sandig-lehmig. Für Gehölz- und Gewässerränder.	☼/◘
Lysimachia punctata Punktierter Gilbweiderich	Sta	6–8 gelb	50–100	Feucht, nährstoffreich, lehmig-tonig, warm. Für Weg- und Gehölzränder, an Gewässerufern. Trockenere Standorte als *L. vulgaris*; Blüte ca. 2 Wochen vor *L. vulgaris*.	☼
Lysimachia vulgaris Gewöhnlicher Gilbweiderich	Sta	6–8 gelb	40–150	Feucht, durchlässig, locker, sandig-lehmig. Für Röhrichte, Feuchtwiesen, Gewässerufer, Hochstaudenfluren, Sümpfe.	☼/◘
Primula elatior Wald-Schlüsselblume	Sta	3–5 gelb	20–30	Feucht, stickstoff- und basenreich, locker. Für Gehölzränder geeignet.	☼/◘
Primula veris Wiesen-/Duftende Schlüsselblume	Sta	4–5 gelb	10–30	Frische bis trockene, stickstoffarme, kalkhaltige, lockere lehm-/tonhaltige Böden. Für Gehölzränder geeignet. Blüten duftend.	☼/◘
Primula vulgaris Schaftlose Schlüsselblume	Sta	3–5 gelb	5–10	Frische, nährstoffreiche, aber kalkarme, humose, lockere, oft steinige Lehmböden.	☼/◘
Ranunculaceae – Hahnenfußgewächse					
Ficaria verna Knöllchen-Scharbockskraut	Sta	3–5 gelb	5–20	Feucht – frisch, durchlässig, nährstoffreich, tiefgründig, lehmig.	☼/◘
Ranunculus acris Scharfer Hahnenfuß	Sta	5–10 goldgelb	30–110	Feucht – frisch, durchlässig, humos, nährstoffreich, sandig-lehmig. Giftig!	☼/◘
Ranunculus bulbosus Knolliger Hahnenfuß	Sta	5–8 goldgelb	10–30	Mäßig trockene bis mäßig frische, nährstoffreiche Lehmböden. Giftig!	☼
Ranunculus lanuginosus Wolliger Hahnenfuß	Sta	5–7 goldgelb	30–70	Frisch – feucht, nährstoffreich, meist kalkhaltig. Giftig!	◘/●
Ranunculus repens Kriechender Hahnenfuß	Sta	5–9 gelb	10–60	Feucht – frisch, nährstoff- und humusreich, lehmig-tonig. Giftig!	☼/◘
Resedaceae – Resedagewächse					
Reseda luteola Färber-Wau	b	6–9 gelb	30–90 (–150)	Mäßig trocken, nährstoffreich, warm, kalkhaltig, steinig.	☼
Rosaceae – Rosengewächse					
Amelanchier lamarckii ** Kupfer-Felsenbirne	S	4–5 weiß	4–6 m	Mäßig trocken – feucht, mäßig nährstoffreich, kalkliebend, sandig-lehmig. Heimat östliches N-Amerika. Reife Früchte essbar.	☼/◘

Name [wiss. I deutsch]	Lebens-form	Blüte	Höhe [cm]	Böden I Sonstiges	Licht
Amelanchier ovalis Gewöhnliche Felsenbirne	S	4–6 weiß	150–250	Mäßig trocken – mäßig feucht, humusreich, kalkliebend.	☼/▪
Crataegus monogyna Eingriffeliger Weißdorn	S/B	5–6 weiß	2–6 (–12) m	Trocken – frisch, nährstoff- und humusreich, kalkhaltig, lehmig. Trockenheitsverträglich, stadtklimafest.	☼/▪
Malus domestica Kultur-Apfelbaum	B	4–6 weiß-rosa	8–15 m	Feucht, tiefgründig, nährstoff- und humusreich. Obstgehölz, Herkunft SW-Asien.	☼
Potentilla anserina Gänse-Fingerkraut	Sta	5–8 gelb	10–20	Feucht, stickstoffreich, lehmig-tonig, auch auf steinigen und verdichteten Böden. Trittfest, ausläuferbildend.	☼
Potentilla erecta Aufrechtes Fingerkraut, Blutwurz	Sta	5–8 gelb	15–50	Mäßig trocken – feucht, nährstoffarm, humusreich, sandig. Gerbstoffhaltige Wurzel als entzündungshemmendes Gurgelmittel.	☼/▪
Potentilla verna Frühlings-Fingerkraut	Sta	3–5 gelb	5–10	Trocken, durchlässig, sandig, steinig, kalkhaltig. Rasenbildender Bodendecker.	☼
Prunus avium Süß-Kirsche	B	4–5 weiß	– 20 m	Feucht – frisch, durchlässig, nährstoffreich, humos, locker, tiefgründig, lehmig. Obstgehölz, viele verschiedene Kulturformen.	☼/▪
Prunus cerasus Sauerkirsche	S/B	4–5 weiß	1–10 m	Durchlässige, nährstoffreiche, lockere, leichte, sandige Lehmböden. Obstgehölz, Herkunft SW-Asien.	☼/▪
Prunus domestica Pflaume	S/B	4–5 weiß	6–10 m	Gleichmäßig feucht, humos, nährstoffreich. Obstgehölz, Herkunft SW-Asien.	☼
Prunus padus Gewöhnliche Trauben-Kirsche	B	4–6 weiß	10–15 m	Frisch-feucht, sandig-tonig, nährstoff- und humusreich.	☼/▪
Prunus spinosa Schlehe	S/B	3–5 weiß	1–4 m	Mäßig trocken – frisch, nährstoffreich, kalkliebend, kiesig-tonig. Flachwurzler, weitreichendes Wurzelwerk zur Hangbefestigung. Sicht- und Windschutz.	☼/▪
Pyrus communis Garten-Birnbaum	B	4–5 weiß	3–15 m	Feucht, durchlässig, nährstoffreich, humos, warm, lehmig. Obstgehölz, Herkunft SW-Asien.	☼/▪
Rosa canina Hunds-Rose	S	4–7 rosa	– 5 m	Mäßig trockene – frische, basenreiche, meist tiefgründige Lehmböden. Spreizklimmer; unterirdische Ausläufer.	☼/▪
Rubus fruticosus Echte Brombeere	S	5–8 weiß	50–300	Frisch, durchlässig, keine Staunässe, humos, nährstoffreich, kalkhaltig.	☼/▪
Rubus idaeus Gewöhnliche Himbeere	S	5–7 weiß	60–200	Frisch, durchlässig, keine Staunässe, humos, nährstoffreich. Hohe Luftfeuchte förderlich (Waldpflanze). Viele Kultursorten.	☼/▪
Sorbus aucuparia Eberesche	S/B	5–7 weiß	– 16 m	Trockene – feuchte, durchlässige, nährstoffarme, bevorzugt saure, lockere Lehmböden.	☼/▪
Salicaceae – Weidengewächse					
Salix alba Silber-Weide	B	4–5 ♀ grün ♂ gelb	25 (–35) m	Nass, nährstoff- und basenreiche, kalkhaltige, sandig-tonige, kiesig-tonige Böden. Tiefwurzler; Windschutz. Zweihäusig.	☼/▪
Salix aurita Ohr-Weide	S	4–5 ♀ grün ♂ gelb	1–3 m	Feucht, nährstoff- und kalkarm, sandig-lehmige Böden. Aufgrund der späteren Blütezeit und der «Öhrchen» am Blattgrund von *S. caprea* unterscheidbar. Zweihäusig.	☼/▪
Salix caprea Sal-Weide	S/B	3–4 ♀ grün ♂ gelb	– 9 m	Frische, nährstoffarme, steinige, saure bis leicht alkalische Lehmböden. Früh blühend, Blüten erscheinen vor dem Laubaustrieb. Zweihäusig.	☼/▪

Name [wiss. I deutsch]	Lebensform	Blüte	Höhe [cm]	Böden I Sonstiges	Licht
Salix cinerea Grau-Weide	S	3–4 ♀ grün ♂ gelb	4 (–6) m	Frische, feuchte – nasse, neutrale – saure Böden, kalkmeidend. Bastardiert oft mit anderen frühblühenden Weidenarten. Zweihäusig.	☼/◘
Salix eleagnos Lavendel-Weide	S/B	4–5 ♀ grün ♂ gelb	15 (–20) m	Wechselfeucht – trockene, meist kalkhaltige Böden. Die schmalen, langen Blätter erinnern entfernt an Lavendelblätter. Zweihäusig.	☼/◘
Salix fragilis Bruch-Weide	B	(3)4–5 ♀ grün ♂ gelb	15 (–25) m	Nasse, nährstoff- und basenreiche Kies-, Sand- oder Lehmböden. Guter Bodenbefestiger. Zweihäusig.	☼/◘
Salix pentandra Lorbeer-Weide	B (meist) S (selten)	5–6(–7) ♀ grün ♂ gelb	– 12 m	Stau- und sickernasse, nährstoffreiche, kalkarme Kies-, Sand- oder Lehmböden. Zweihäusig.	☼/◘
Salix purpurea Purpur-Weide	S	3–4(–5) ♀ grün ♂ purpurn	8–10 m	Nass, nährstoffreich, meist kalkhaltig. Staubbeutel anfangs purpurn, wie auch die Zweige. Zweihäusig.	☼/◘
Salix triandra Mandel-Weide	S B (selten)	4–5 ♀ grün ♂ gelb	1–5 (–7) m	Nass, durchlässig, nährstoffreich, meist kalkhaltig. Als Flechtweide nutzbar. Zweihäusig.	☼/◘
Salix viminalis Korb-Weide	S (meist) B (selten)	3–4 ♀ grün ♂ gelb	3–8 (–10) m	Feucht – nass, nährstoffreich, meist kalkhaltig. Zweihäusig. Als Flechtweide nutzbar.	☼/◘
Sapindaceae – Seifenbaumgewächse					
Acer campestre Feld-Ahorn	S/B	5 grün	5–12 m	Trocken – frisch, humos, kalkliebend, kiesig-tonig. Hecke, Einzelstellung.	☼/◘
Acer platanoides Spitz-Ahorn	B	4–5 gelbgrün	– 20 m	Mäßig trocken – feucht, mäßig nährstoffreich, humusreich, kalktolerant.	☼/◘
Acer pseudoplatanus Berg-Ahorn	B	4–5 gelbgrün	25–30 m	Feucht, nährstoffreich, humos, tiefgründig, lehmig. Einzelstellung.	◘/●
Solanaceae – Nachtschattengewächse					
Atropa belladonna Echte Tollkirsche	Sta	6–8 braunviolett	50–150	Mäßig trocken – mäßig feucht, nährstoff- und basenreich, oft auf Kalk, Lehm. Früchte treten schon zur Blütezeit auf. Stark giftig!	☼/◘

Glossar

Abdomen: lat. *abdomen* Bauch. Damit ist der Hinterleib der Bienen gemeint.

adult: lat. *adultus* erwachsen. Geschlechtsreife Tiere.

Aggregation: lat. *aggregare* (sich jdm.) beigesellen, anschließen. Gesellige Lebensweise, bei der an geeigneten Standorten viele Nester nah beieinander angelegt werden und so der Anschein einer Kolonie erweckt wird. Die Nester werden jedoch nicht gemeinsam genutzt; jedes Weibchen gräbt und verproviantiert sein eigenes Nest vollkommen allein.

Angiospermen: siehe Bedecktsamer.

autochthon: griech. *autos* selbst; *chton, chtonos* Erdboden, Heimatboden, Gegend. Einheimische, indigene Pflanzen, also solche, die in ihrem Verbreitungsgebiet ursprünglich sind.

Bedecktsamer (Angiospermen): Gruppe rezenter Samenpflanzen, bei denen die Samenanlagen in ein Fruchtblatt eingeschlossen, somit bedeckt sind.

bivoltin: zwei Generationen pro Jahr.

Clypeus: nlat. *clypeus* Rundschild. Kopf-, Gesichtsschild.

Costa: lat. *costa* Rippe. Stark versteifte, längs verlaufende Ader am vorderen Außenrand des Vorderflügels.

Coxa: lat. *coxa* Hüfte, das erste Beinglied, setzt an der Brust an und ist mit dem Schenkelring (Trochanter) verbunden.

Cubitalzellen: lat. *cubitalis* Ellen-. Flügelzellen im Insektenflügel. Ihre Anzahl und die Größe der einzelnen Zellen weisen auf die Bienengattung hin.

Diplonten/Diploidie/diploid: griech. *diploos* doppelt, zweifach. Lebewesen, bei denen die Gesamtzahl der Chromosomen der doppelten Grundzahl entspricht, und die daher den doppelten Chromosomensatz besitzen. Alle Bienenweibchen sind diploid, da sie aus befruchteten Eiern entstehen.

Femur, Pl. Femora: lat. *femur* (Ober)Schenkel. Beinglied zwischen Schenkelring (Trochanter) und Schiene (Tibia).

Filamentröhre: wenn die Staubfäden (Filamente) einer Blüte zu einer Röhre verwachsen sind.

Flocculus: Verkleinerungsform von lat. *floccus* Flocke, Faser. Haarlocke an der Unterseite der Hinterschenkel bei einigen Beinsammlern, z. B. bei Sandbienen.

Fovea facialis: lat. *fovea* Grube, *facialis* zum Gesicht gehörend. So wird eine grubenartige Vertiefung am Innenrand der beiden Augen, insbesondere bei den Weibchen der Gattung *Andrena,* genannt. Die Gruben sind sehr fein, kurz und samtig behaart.

Gymnospermen: siehe Nacktsamer.

Gynodiözie, gynodiözisch: griech. *di* zweifach, *oikos* Haus, also zweihäusig; Auftreten von Zwitterblüten und weiblichen Blüten auf verschiedenen Individuen einer Population.

Gynomonözie, gynomonözisch: griech. *gyne* Weib, *monos* allein, einzig; *oikos* Haus, also einhäusig. Art der Geschlechtsverteilung bei Blüten: Neben Zwitterblüten kommen auch rein weibliche Blüten an ein und derselben Pflanze vor.

Halbstrauch: Pflanze verholzt nur an der Basis, der jährliche Neuaustrieb ist krautig und stirbt zum Ende der Vegetationszeit ab. Übergang zwischen Kräutern und Sträuchern.

Hämolymphe: griech. *haima* Blut, lat. *lympha* klares Wasser. Im Körper aller wirbellosen Tiere kreisende Flüssigkeit, die sich aus einer Mischung von Blutplasma und Lymphflüssigkeit zusammensetzt. Anders als im menschlichen Blut gibt es in der Hämolymphe keine roten Blutkörperchen, sodass die Hämolymphe nahezu farblos ist.

Haplonten/Haploidie/haploid: griech. *haploos* einfach. Lebewesen mit dem einfachen Chromosomensatz. Alle Bienenmännchen sind haploid, da sie aus unbefruchteten Eiern entstehen.

hoch-eusozial: griech. *eu* gut, echt, wahr; lat. *socius* Genosse. Die höchstentwickelte Form des sozialen Zusammenlebens. Es gibt mehrjährige Kolonien, in denen sich die Kasten morphologisch deutlich unterscheiden. Die Kolonie besteht aus Tieren zweier Generationen: Mütter und Töchter. Es findet ein intensiver Futteraustausch zwischen den Tieren statt. Einzeltiere sind nicht überlebensfähig, daher ist eine Rückkehr zu solitärer Lebensweise nicht möglich. Nur bei der Honigbiene verwirklicht. Siehe auch primitiv-eusozial.

Imago, Pl. Imagines: lat. *imago* Erscheinung. Vollinsekt; die fertig entwickelte, geschlechtsreife Biene.

Kokon: Nachdem das Larvenbrot aufgefressen ist, spinnt sich die Larve in der Brutzelle eine seidenartige Hülle. In dieser kann sie eine Ruhephase durchlaufen («Puppenruhe») und sich anschließend in das Vollinsekt verwandeln.

kommunal: Sozialform, bei der zwei oder mehrere Bienenweibchen einer Generation zusammen in einem Nest leben, aber nicht zusammenarbeiten. Jedes baut und versorgt eigene Brutzellen. Vorteil: bessere Verteidigung gegen Eindringlinge. Kommt z. B. bei Furchen-/Schmalbienen *(Halictus/Lasioglossum)* vor.

Larve: lat. *larva* Geist, Maske. Madenförmiges, weißlich durchscheinendes zweites Stadium der Bienenentwicklung nach dem Schlupf aus dem Ei. Larvenstadien gibt es auch bei Schmetterlingen, Käfern und Zweiflüglern.

Lathyrismus: Vergiftung, die beim Menschen durch den längeren Verzehr von Platterbsen *(Lathyrus)* auftritt. Sie zeichnet sich durch Muskelkrämpfe und Lähmungen, insbesondere der Beine, aus.

Metamorphose: griech. *metamorphosis* Verwandlung. Gestaltwechsel, Umwandlung in eine andere Gestalt. Im Verlauf der Entwicklung einer Biene durchläuft sie mehrere Gestaltumwandlungen vom Ei, über ein oder mehrere Larvenstadien, zur Puppe und schließlich zum erwachsenen Tier. Bienen machen eine vollständige Umwandlung durch, bei der ein aktives Larvenstadium und ein inaktives Puppenstadium durchlaufen werden, welche sich vom adulten Tier deutlich unterscheiden. Im Gegensatz zur unvollständigen Metamorphose mancher Insekten, bei denen es nur drei Stadien gibt und das Nymphenstadium dem adulten Tier ähnlich sieht und sich nur hinsichtlich der Größe unterscheidet.

Metatarsus: griech. *meta* danach. Drückt vorangestellt in Zusammensetzungen eine Veränderung aus, griech./lat. *tarsus* Fuß. Bezeichnung für das erste/oberste Fußglied der Hinterbeine, auch Ferse oder Fersenglied genannt, welches häufig anders gestaltet ist als die übrigen Fußglieder, z. B. kann es verbreitert oder verlängert sein.

Monözie, mönözisch: griech. *monos* allein, einzig; *oikos* Haus; bedeutet einhäusig. Männliche Blüten (solche ausschließlich mit Staubblättern) und weibliche Blüten (solche ausschließlich mit Fruchtblättern) befinden sich auf ein- und derselben Pflanze.

Nacktsamer (Gymnospermen): Samenpflanzen, bei denen die Samenanlagen frei, «nackt» liegen und nicht in einen Fruchtknoten eingeschlossen sind.

Ocellen: lat. *ocellus*, Verkleinerung von *oculus* Auge. Die drei Punktaugen auf der Stirn; sind für das Gleichgewicht und zur Orientierung wichtig. Ob sie eine Bedeutung für das Einstellen der inneren Uhr und die Messung der Lichtintensität haben, ist noch nicht endgültig belegt.

Oligolektie, oligolektisch: griech. *oligos* wenig, gering. Bienenarten, mit einem eingeschränkten Sammelspektrum, die nur eine oder wenige Pollenquellen nutzen. Siehe auch Polylektie.

Polylektie, polylektisch: griech. *polys* viel. Bienenarten, deren Blütenspektrum hinsichtlich des Pollensammelns nicht eingeschränkt ist, und die oft auf vielen verschiedenen Pflanzenfamilien sammeln. Beispiele hierfür sind Honigbienen *(Apis)* und Hummeln *(Bombus)*.

primitiv-eusozial: griech. *eu* gut, echt, wahr; lat. *socius* Genosse. Eine einfache, niedere Form der sozialen Lebensweise, bei der einjährige Staaten gebildet werden, z. B. bei Hummeln, Furchenbienen. Es handelt sich quasi um eine Wohngemeinschaft, in der Alttiere des letzten Herbstes und ihre Töchter zusammenleben. Die Töchter bewachen den Nesteingang und kümmern sich um die Brut. Die Kolonie besteht demnach aus Tieren zweier Generationen: Mütter und Töchter. Siehe auch hoch-eusozial.

Proboscis: lat. *proboscis* Rüssel. Saugrohr zum Aufsaugen von Wasser und Nektar, welches aus dem Unterkiefer und der Unterlippe gebildet wird.

Pronotum: lat. *pro* vor, griech. *noton* Rücken. Rückenteil des ersten Brustringes.

Propodeum: lat. *pro* vor, *pes* Fuß. Rückseitiger Abfall des Vorderkörpers, Mittelsegment; eigentlich erstes Abdominalsegment, welches jedoch funktionell zum Thorax gehört.

Pterostigma: griech. *pteron* Flügel, *stigma* Zeichen. Ein verdunkeltes Flügelmal im Vorderflügel. Die Bedeutung ist nicht eindeutig geklärt. Möglicherweise dient die Verhärtung dem Schutz der Flügel. Diskutiert wird auch ein Zusammenhang mit der Orientierung im Raum und der Navigation.

Puppe: Nach dem Ei- und Larvenstadium das dritte, bewegungslose Stadium auf dem Weg zum Vollinsekt. In dieser Phase der Metamorphose entstehen die Organe der erwachsenen Biene. Ist der Umbau erfolgt, häutet sich die Puppe zur geschlechtsreifen, adulten Biene.

Pygidialfeld (Endplatte): griech. *pyge* Steiß, After. Unbehaarte dreieckige Stelle auf dem letzten Hinterleibssegment bei den Weibchen vieler bodenbrütender Bienengattungen, z. B. *Andrena* und *Melitta.* Diese hat offenbar eine Bedeutung beim Nestgraben und Verproviantieren der Brutzellen.

Rhizom, Pl. Rhizome: griech. *rhiza* Wurzel, Wurzelstock. Unterirdisch wachsende, mehr oder weniger verdickte Sprossachsen. Erkennbar und von Wurzeln unterscheidbar sind sie durch meist schuppenartige Niederblätter und ihre Gliederung in Knoten und Zwischenstücke. Sie speichern häufig Stärke und dienen der Überdauerung sowie der vegetativen Vermehrung.

Rote Listen: geben den Gefährdungsgrad einer Art in einem Gebiet an, dabei bedeutet: 0 = ausgestorben oder verschollen, 1 = vom Aussterben bedroht, 2 = stark gefährdet, 3 = gefährdet, R = Arten mit geografischer Restriktion bzw. extrem seltene Arten, G = Gefährdung anzunehmen, aber Status unbekannt, V = Vorwarnliste, D = Daten defizitär.

Ruhelarve oder Vorpuppe: die Bienenlarve nach der vollständigen Darmentleerung. Dieses letzte Larvenstadium vor der Umwandlung zur Puppe kann bei Bienen bis zu elf Monate dauern. In diesem Zustand überwintert die Larve.

Scopa: lat. *scopae* Besen. Reihen von Borsten am Bauch oder den Beinen der Bienenweibchen, die dem Pollentransport dienen.

semi-sozial: Unter den Weibchen einer Generation gibt es arbeitsteilige Kasten: Es gibt eierlegende und nicht eierlegende Weibchen, deren Eierstöcke unterentwickelt sind (z. B. bei *Lasioglossum calceatum*). Eierlegende Weibchen produzieren Arbeiterinnen, die während des Sommers bei der weiteren Aufzucht helfen. Erst im Herbst entstehen Geschlechtstiere. Die von den Drohnen begatteten Weibchen überwintern.

solitär: lat. *solus* allein, bezieht sich auf die einzelne Nistweise der Weibchen, die von der Nistplatzsuche, über den Bau und die Verproviantierung der Brutzellen alles allein bewerkstelligen. Neben dem Begriff Solitärbiene wird auch die Bezeichnung Einsiedlerbiene verwendet.

Sternit, Pl. Sternite: griech. *sternon* Brust. Bauchplatten an der Unterseite des Hinterleibs.

Subcosta: lat. *sub* unter, *costa* Rippe. Versteifte Flügelader unterhalb der Costa im Vorderflügel von Bienen.

sukkulent/Sukkulenz: lat. *succus* Saft, lat. *succulentus* saftvoll, kräftig. Verdickung von Pflanzenorganen zur Wasserspeicherung. Es gibt demnach Wurzel-, Spross- und Blattsukkulenz. Sukkulenz ist eine Anpassung von Pflanzen an trockene Standorte.

Tarsus, Pl. Tarsi: lat./griech. *tarsus* Fuß, der bei Bienen aus fünf Gliedern besteht.

Tegula, Pl. Tegulae: lat. *tegere* bedecken. Die Abdeckung der Flügelbasis.

Tergit, Pl. Tergite: lat. *tergum* Rücken. Bezeichnung der Rückenplatte(n) des Hinterleibs.

Thorax: griech. *thorax* Brust(panzer). Bezogen auf Bienen ist damit der Brustabschnitt gemeint, der sich in drei Teile gliedert Pro-, Meso- und Metathorax.

Tibia, Pl. Tibiae: lat. *tibia* Schienbein. Beinglied zwischen Schenkel (Femur) und Fuß (Tarsus).

Trochanter: griech. *trochos* Scheibe, Rad, *anteres* vorne befindlich. Bezeichnet den Schenkelring, der zwischen Hüfte (Coxa) und Schenkel (Femur) sitzt.

univoltin: eine Generation pro Jahr.

Ventralscopa: lat. *venter* Bauch, *scopae* Besen. Sammelbürste der Bauchsammlerinnen unter den Wildbienen (z. B. Gattungen: *Heriades, Megachile, Osmia*), die sich an der Unterseite des Hinterleibs befindet. Sie besteht aus Reihen von Borsten und dient dem Pollentransport.

Literatur

Albans, K. R.; Aplin, R. T.; Brehcist, J.; Moore, J. F.; O'Toole, C. 1980: Dufour's Gland and its Role in Secretion of Nest Cell Lining in Bees of the Genus *Colletes* (Hymenoptera: Colletidae). – Journal of Chemical Ecology 6: 549–564.

Amiet, F. 1996: Apidae 1. Teil. Allgemeiner Teil. Gattungsschlüssel, Die Gattungen *Apis, Bombus* und *Psithyrus.* – Insecta Helvetica Bd. 12 – Schweizerische Entomologische Gesellschaft, Lausanne.

Amiet, F.; Neumeyer, R.; Müller, A. 1999: Apidae 2. *Colletes, Dufourea, Hylaeus, Nomia, Nomioides, Rhophitoides, Rophites, Sphecodes, Systropha.* – Fauna Helvetica 4. – Centre Suisse de Cartographie de la Faune, Neuchâtel, Schweiz.

Amiet, F.; Herrmann, M.; Müller, A.; Neumeyer, R. 2001: Apidae 3. *Halictus, Lasioglossum.* – Fauna Helvetica 6. – Centre Suisse de Cartographie de la Faune, Neuchâtel, Schweiz.

Amiet, F., Herrmann, M., Müller, A., Neumeyer, R. 2004: Apidae 4. *Anthidium, Chelostoma, Coelioxys, Dioxys, Heriades, Lithurgus, Megachile, Osmia, Stelis.* – Fauna Helvetica 9. – Centre Suisse de Cartographie de la Faune, Neuchâtel, Schweiz.

Amiet, F.; Herrmann, M.; Müller, A.; Neumeyer, R. 2007: Apidae 5. *Ammobates, Ammobatoides, Anthophora, Biastes, Ceratina, Dasypoda, Epeoloides, Epeolus, Eucera, Macropis, Melecta, Melitta, Nomada, Pasites, Tetralonia, Thyreus, Xylocopa.* – Fauna Helvetica 20. – Centre Suisse de Cartographie de la Faune, Neuchâtel, Schweiz.

Amiet, F.; Herrmann, M.; Müller, A.; Neumeyer, R. 2010: Apidae 6. *Andrena, Melitturga, Panurginus, Panurgus.* – Fauna Helvetica 26 – Centre Suisse de Cartographie de la Faune, Neuchâtel, Schweiz.

Arndt, I.; Tautz, J. 2020: Honigbienen – geheimnisvolle Waldbewohner. 6. Aufl. – Knesebeck, München.

Batra, S. W. T. 1980: Ecology, Behavior, Pheromones, Parasites and Management of the Sympatric Vernal Bees *Colletes inaequalis, C. thoracicus* and *C. validus.* – Journal of the Kansas Entomological Society 53: 509–538.

Bergström, G. 1974: Studies on natural odoriferous compounds X. Macrocyclic lactones in the Dufour gland secretion of the solitary bees *Colletes cunicularius L.* and *Halictus calceatus* Scop. (Hymenoptera: Apidae). – Chemica Scripta 5: 39–46.

Bergström, G.; Tengö, J. 1978: Linanool in mandibular gland secretion of *Colletes* bees (Hymenoptera: Apoidea). – Journal of Chemical Ecology 4: 437–449.

Biesmeijer, J.; Roberts, S.P.M.; Reemer, M.; Ohlemüller, R.; Edwards, M.; Peeters, T.; Schaffers, A.P.; Potts, S.G.; Kleikers, R.; Thomas, C.D.; Settele, J.; Kunin, W.E. 2006: Parallel declines in pollinators and insect-pollinated plants in Britain and the Netherlands. – Science 313: 351–354.

Bischoff, I.; Eckelt, E.; Kuhlmann, M. 2005: On the biology of the Ivy-Bee *Colletes hederae* Schmidt & Westrich, 1993 (Hymenoptera, Apidae). – Bonner Zoologische Beiträge 53: 27–36.

Bleidorn, C.; Feitz, F.; Schneider, N.; Venne, C. 2004: Zum Vorkommen von *Stylops melittae* Kirby, 1802 *(Insecta, Strepsiptera)* in Luxemburg. – Bulletin (Société des naturalistes luxembourgeois) 105: 137–142.

Blüthgen, P. 1930: *Colletes* Latreille. In: Schmiedeknecht, O. (Hrsg.), Die Hymenopteren Nord- und Mitteleuropas. 2. Aufl., S. 888–897. – G. Fischer, Jena.

Deguines, N.; Julliard, R.; De Flores, M.; Fontaine, C. 2016: Functional homogenization of flower visitor communities with urbanization. – Ecology and Evolution 6(7): 1967–1976. https://doi.org/10.1002/ece3.2009.

Ebmer, A.W. 1987: Die europäischen Arten der Gattungen *Halictus* Latreille 1804 und *Lasioglossum* Curtis 1833 in illustrierten Bestimmungstabellen (Insecta: Hymenoptera: Apoidea: Halictidae: Halictinae). 1. Allgemeiner Teil, Tabelle der Gattungen. – Senkenbergiana Biologica 68: 59–148.

Ebmer, A.W. 1988: Die europäischen Arten der Gattungen *Halictus* Latreille 1804 und *Lasioglossum* Curtis 1833 in illustrierten Bestimmungstabellen (Insecta: Hymenoptera: Apoidea: Halictidae: Halictinae). 2. Die Untergattung Seladonia Robertson 1918. – Senkenbergiana Biologica 68: 323–375.

Ebmer, A.W. 1999: Rote Liste der Bienen Kärntens (Insecta: Hymnoptera: Apoidea). In: Holzinger, W.E.; Mildner, P.; Rottenburg, T.; Wiesner, C. (Hrsg.), Rote Listen der gefährdeten Tiere Kärntens. – Naturschutz in Kärnten 15: 239–269.

Franzén, M.; Larsson, M. 2007: Pollen harvesting and reproductive rates in specialised solitary bees. – Annales Zoologici Fennii 44 (6): 405–414.

Franzén, M.; Larsson, M.; Nilsson, S.G. 2009: Small local population sizes and high habitat patch fidelity in a specialized solitary bee. – Journal of Insect Conservation 13: 89–95.

Gallai, N.; Vaissière, B.E. 2009: Guidelines for the economic valuation of pollination services at a national scale. – FAO.

Gallai, N.; Salles, J.-M.; Settele, J.; Vaissiére, B.E. 2009: Economic valuation of the vulnerability of world agriculture confronted with pollinator decline. – Ecological Economics 68 (3): 810–821.

Garibaldi, L.A.; Steffan-Dewenter, I.; Winfree, R.; Aizen, M.A.; Bommarco, R.; Cunningham, S.A.; Kremen, C.; Carvalheiro, L.G.; Harder, L.D.; Afik, O.; Bartomeus, I.; Benjamin, F.; Boreux, V.; Cariceau, D.; Chacoff, N.P.; Dudenhöffer, J.H.; Freitas, B.M.; Ghazoul, J.; Greenleaf, S.; Hipólito, J.; Holzschuh, A.; Howlett, B.; Isaacs, R.; Javorek, S.K.; Kennedy, C.M.; Krewenka: K.M.; Krishnan, S.; Mandelik, J.; Mayfield, M.M.; Motzke, I.; Munyuli, T.; Nault, B.A.; Otieno, M.; Petersen, J.; Pisanty, G.; Pott, S.G.; Rader, R.; Ricketts, T.H.; Rundlöf, M.; Seymour, C.L.; Schüepp, C.; Szentgyörgyi, H.; Taki, H.; Tscharnke, T.; Vergara, C.H.; Viana, B.F.; Wanger, T.C.; Westphal, C.; Williams, N.; Klein, A.M. 2013: Wild Pollinators Enhance Fruit Set of Crops Regardless of Honeybee Abundance. – Science 339 (6127): 1608–1611.

Kinzelbach, R.K.; Pohl. H. 2003: 27. Ordnung Strepsiptera, Fächerflügler. In: Dathe, H.H. (Hrsg.), Kaestner Lehrbuch der Speziellen Zoologie I/5:Insecta, S. 526–539. – Spektrum, Heidelberg, Berlin.

Klein, A.M.; Vaissiére, B.E.; Cane, J.H.; Steffan-Dewenter, I.; Cunningham, S.A.; Kremen, C.; Tscharnke, T. 2007: Importance of pollinators in changing landscapes for world crops. – Proceedings of the Royal Society B 274: 303–313.

Larsson, M.; Franzén, M. 2007: Critical resource level of pollen for the declining bee *Andrena hattorfiana (Hymenoptera, Andrenidae)*. – Biological Conservation 134: 405–414.

Menzel, R.; Eckholdt, M. 2016: Die Intelligenz der Bienen. – Knaus, München.

Michener, C.D. 2000: The bees of the world. – The John Hopkins University Press, Baltimore, Maryland.

Michez, D.; Rasmont, P.; Terzo, M.; Vereecken, N.J. 2019: Hymenoptera of Europe. 1. Bees of Europe. – N.A.P. Editions (Verrières-le-Buisson).

Mountcastle, A.M.; Combes, S.A. 2013: Wing flexibility enhances load-lifting capacity in bumblebees. – Proceedings of the Royal Society B 280 (1759): 20130531. http://doi.org\10.1098\rspb.2013.0531.

Müller, A.; Krebs, A.; Amiet, F. 1997: Bienen. Mitteleuropäische Gattungen, Lebensweise, Beobachtung. – Naturbuch Verlag, Augsburg.

Müller, A. 1993: Sammeln die Weibchen von *Anthidium manicatum* pflanzliche Sekrete für die Imprägnierung ihrer Wollnester? – Bembix 4: 34–35.

Nieto, A.; Roberts, S.P.M.; Kemp, J.; Rasmont, P.; Kuhlmann, P.; Garcia Criado, M.; Biesmeijer, J.; Bogusch, P., Dathe, H.H.; De La Rúa, P.; De Meulemeester, T.; Dehon, M.; Dewulf, A.; Ortiz-Sánchez, F.J.; Lhomme, P.; Pauly, A.; Potts, S.G.; Praz, C.; Quaranta, M.; Radchenko, V.G.; Scheuchl, E.; Smit, J.; Straka, J.; Terzo, M.; Tomozii, B.; Window, J.; Michez, D. 2014: European Red List of Bees. – Luxembourg: Publication Office of the European Union.

Parolly, G.; Rohwer, J.G. (Hrsg.) 2019: Schmeil-Fitschen (Begr.): Die Flora Deutschlands und angrenzender Länder, 97. überarb. und erw. Aufl. – Quelle & Meyer, Wiebelsheim.

Sauquet, H.; von Balthazar, M.; Magalon, S.; Doyle, J.A.; Endress, P.K.; Bailes, E.J.; Baroso de Morais, E.; Bull-Herenu, K.; Carrive, L.; Chartier, M.; Chomocki, G.; Coiro, M.; Cornette, R.; El Ottra, J.H.L.; Epicoco, C.; Foster, C.S.P.; Jabbour, F.; Haevermans, A.; Heavermans, T.; Hernandez, R.; Little, S.A.; Löfstrand, S.; Luna, J.A.; Massoni, J.; Nadot S.; Pamperl, S.; Prieu, C.; Reyes, E.; dos Santos, P.; Schonderwoerd, K.M.; Sontag, S.; Soulebeau, A.; Staedler, Y.; Tschan, G.F.; Wing-Sze Leung, A.; Schönenberger-Show, J. 2017: The ancestral flower of angiosperms and its early diversification. – Nature Communications 8: 16047. http://doi. org\10.1038\ncomms16047.

Scheuchl, E.; Willner, W. 2016: Taschenlexikon der Wildbienen Mittteleuropas. – Quelle & Meyer, Wiebelsheim.

Scheuchl, E.; Schwenninger, H.R. 2015: Kritisches Verzeichnis und aktuelle Checkliste der Wildbienen Deutschlands *(Hymenoptera, Anthophila)* sowie Anmerkungen zur Gefährdung. – Mitteilungen des Entomologischen Vereins Stuttgart 50 (1): 3–225.

Schmidt, K.; Westrich, P. 1993: *Colletes hederae* n. sp., eine bisher unerkannte, auf Efeu *(Hedera)* spezialisierte Bienenart (Hymenopterea: Apoidae). – Entomologische Zeitschrift 103 (6): 89–112.

Schmidt-Egger, C.; Dubbitzki, A. 2017: *Dasypoda morawitzi* (Radchenko, 2016) neu für die Fauna von Mitteleuropa (Hymenoptera, Apoidea). – Ampulex 9: 27–31.

Seeley, T.D. 2016: Following the wild bees: The Craft and Science of Bee Hunting. – Princton University Press, New Jersey.

Smit, J. T.; Smit, J.; Raemaekers, I. P.; van der Hoorn, B. 2020: The Strepsiptera of the Netherlands revisited (Insecta). – Entomologische Berichten 80 (1): 8–30. https://www.ecologica.eu/uploads/files/ Odhtp1C3cMewJZE6hsfd8rrcewlV2tSw.pdf, zuletzt abgerufen am 07.01.2021.

Thomas, B.; Witt, R. 2005: Erstnachweis der Holzbiene *Xylocopa violaceae* (Linne 1758) in Niedersachsen und weitere Vorkommen am nordwestlichen Arealrand (Hymenoptera: Apidae). – Drosera – Naturkundliche Mitteilungen aus Norddeutschland, 2005 (2): 89–96. http://oops.uni-oldenburg.de/2096/, zuletzt abgerufen am 12.01.2021.

Westerkamp, C. 1987: Das Pollensammelverhalten der sozialen Bienen in Bezug auf die Anpassungen der Blüten. – Dissertation Fachbereich Biologie Univ. Mainz.

Westrich, P. 1992: Die Wildbienen Baden-Württembergs. Allgemeiner Teil: Lebensräume, Verhalten, Ökologie und Schutz. – Bd. 1., 2. Aufl. – Ulmer, Stuttgart.

Westrich, P. 1992: Die Wildbienen Baden-Württembergs. Spezieller Teil: Die Gattungen und Arten. – Bd. 2., 2. Aufl. – Ulmer, Stuttgart.

Westrich, P. 2008: Flexibles Pollensammelverhalten der ansonsten streng oligolektischen Seidenbiene *Colletes hederae* Schmidt & Westrich 1993 (Hymenoptera: Apidae). – Eucera 2: 17–29.

Westrich, P. 2008: Die Neophyten *Solidago canadensis* und *Solidago gigantea* als Pollenquellen der Seidenbiene *Colletes collaris* Dours (Hymenoptera: Apidae). – Eucera 2: 30–32.

Westrich, P. 2015: Wie tief im Boden liegen die Brutzellen der Efeu-Seidenbiene *(Colletes hederae)* Westrich & Schmidt 1993 (Hymenoptera: Apidae). – Eucera 9: 11–20.

Westrich, P. 2018: Die Wildbienen Deutschlands. – Ulmer, Stuttgart.

Westrich, P.; Frommer, U.; Mandrey, K.; Riemann, H.; Ruhnke, H.; Saure, C.; Voith, J. 2008: Rote Liste der Bienen Deutschlands (Hymenoptera, Apidae) (4. Fassung, Dez. 2007). – Eucera 3: 33–87.

Westrich, P.; Frommer, U.; Mandrey, K.; Riemann, H.; Ruhnke, H.; Saure, C.; Voith, J. 2011: Rote Liste und Gesamtartenliste der Bienen (Hymenoptera, Apidae) Deutschlands. – In: Binot-Hafke, M.; Balzer, S.; Becker, N.; Gruttke, H.; Haupt, H.; Hofbauer, N.; Ludwig, G.; Matzke-Hajek, G.; Strauch, M. (Red.), Rote Liste gefährdeter Tiere, Pflanzen und Pilze Deutschlands. Band 3: Wirbellose Tiere (Teil 1). – Münster (Landwirtschaftsverlag). Naturschutz und Biologische Vielfalt 70 (3): 373–416.

Westrich, P.; Schwenninger, H.R.; Dathe, H.H.; Riemann, H.; Saure, C.; Voith, J.; Weber, K. 1998: Rote Liste der Bienen *(Hymenoptera: Apidae)* (Bearbeitungsstand: 1997). In: Binot, M.; Bless, R.; Boye, P.; Gruttke, H.; Pretscher, P. (Bearbeiter), Rote Liste gefährdeter Tiere Deutschlands. – Schriftenreihe für Landschaftspflege und Naturschutz 55: 119–129.

Zettel, H.; Ockermüller, E.; Wiesbauer, H.; Ebmer, A.W.; Gusenleitner, F.; Neumayr, J.; Pachinger, B. 2015: Kommentierte Liste der aus Wien (Österreich) nachgewiesenen Bienenarten (Hymenoptera: Apidae). – Zeitschrift der Arbeitsgemeinschaft Österreichischer Entomologen 67: 137–194.

Zurbuchen, A.; Müller, A. 2012: Wildbienenschutz – von der Wissenschaft zur Praxis. – Haupt, Bern.

Internetquellen

Amiet, F. 1994: Rote Liste der gefährdeten Bienen der Schweiz. In: Bundesamt für Umwelt, Wald und Landschaft (BUWAL) (Hrsg.), Rote Liste der gefährdeten Tierarten in der Schweiz, 38–44. http://www.bafu.admin.ch/bafu/de/home/themen/biodiversitaet/publikationen-studien/publikationen/rote-listen-gefaehrdeten-tierarten-schweiz-1994.html, zuletzt abgerufen am 10.09.2021.

Fockenberg, V. 2016: www.wildbiene.com, zuletzt abgerufen am 01.09.2021.

Hackenbruch, F. 2019: Honigbienenhaltung hat mit Naturschutz überhaupt nichts zu tun. Tagesspiegel, 21.07.2019. https://www.tagesspiegel.de/wirtschaft/das-geschaeft-mit-den-bienen-honigbienenhaltung-hat-mit-naturschutz-ueberhaupt-nichts-zu-tun/24680722.html., zuletzt abgerufen am 29.01.2021.

IG Wilde Biene: www.igwildebiene.ch, zuletzt abgerufen am 11.11.2021; ehemals wildbee.ch.

Martin, H.-J. & Partner 2000: www.wildbienen.de, zuletzt abgerufen am 11.11.2021.

Schweitzer, L.; Theunert, R. 2020: Zur Verbreitung der Blauschwarzen Holzbiene *(Xylocopa violaceae)* in Niedersachsen und Bremen. – Peiner Biologische Arbeitsgemeinschaft – Online: 2020–01. https://www.peiner-bio-ag.de, zuletzt abgerufen am 27.01.2021.

Steneberg, A. 2009: Fliegender Ölteppich – Eine Vision der Bienenforscher. Forschung aktuell, Umwelt & Gesundheit 20 (2): 70. https://www.innovations-report.de/fachgebiete/biowissenschaften-chemie/fliegender-oelteppich-vision-bienenforscher-129868/, zuletzt abgerufen am 17.01.2021.

Register

T

U

V

W

Z